U0321188

◆ 高职高专 "十二五" 规划教材 ◆

单片机接口
技术与应用

肖春华　何琼　主编

卢高洁　耿晶晶　祝勋　副主编

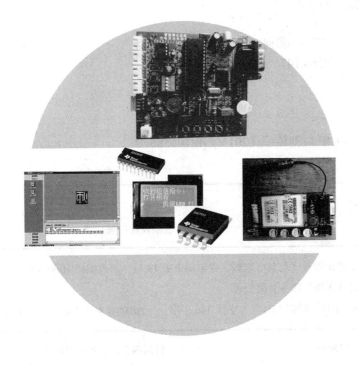

化学工业出版社

·北京·

本书以项目为引领，以应用案例的实战设计为主线，以国内使用广泛的 STC89C51RC 单片机为主要载体，主要内容包括认识单片机接口、单片机显示接口技术、单片机通信接口技术、AD/DA 接口技术、模块化编程、以 STC12C5A60S2 高性能单片机进行单片机应用系统设计与开发的应用案例设计。

本书可以作为高等职业院校的单片机接口技术课程教材，也可以作为单片机原理与接口技术的课程设计和实验课程教学参考书。

图书在版编目（CIP）数据

单片机接口技术与应用/肖春华，何琼主编. —北京：
化学工业出版社，2015.7（2019.8重印）
高职高专"十二五"规划教材
ISBN 978-7-122-24064-4

Ⅰ. ①单… Ⅱ. ①肖… ②何… Ⅲ. ①单片微型计
算机–接口 Ⅳ. ①TP368.147

中国版本图书馆 CIP 数据核字（2015）第 106586 号

责任编辑：李彦玲　张　阳　　　　　　　文字编辑：云　雷
责任校对：王素芹　　　　　　　　　　　装帧设计：韩　飞

出版发行：化学工业出版社（北京市东城区青年湖南街 13 号　邮政编码 100011）
印　　装：高教社（天津）印务有限公司
787mm×1092mm　1/16　印张 13¼　字数 346 千字　　2019 年 8 月北京第 1 版第 2 次印刷

购书咨询：010-64518888　　　　　　　　售后服务：010-64518899
网　　址：http://www.cip.com.cn
凡购买本书，如有缺损质量问题，本社销售中心负责调换。

定　　价：29.00 元

当前信息技术飞速发展，嵌入式电子技术已经深入到人们日常生活的各个方面。单片机是一种嵌入式微控制器，具有高性价比、高速度、体积小、可重复编程和方便功能扩展等优点，其应用越来越广泛，前景越来越广阔，学好单片机是今后从事硬件及嵌入式系统开发的基础。

本教材为"单片机原理与应用"后续应用技术课程，以项目为引领，以应用案例的实战设计为主线，以国内使用广泛的 STC89C51RC 单片机为主要载体，主要内容包括认识单片机接口、单片机显示接口技术、单片机通信接口技术、AD/DA 接口技术、模块化编程、以 STC12C5A60S2 高性能单片机进行单片机应用系统设计与开发的应用案例设计。将目前常用、典型的各类外围接口电路与单片机串接起来，介绍单片机与外围接口电路之间的软、硬件设计，树立单片机应用系统的概念，培养单片机应用系统设计与开发的能力。

本书内容由六个项目引领，有的项目还分设了不同的学习单元，由"学习目标""预备知识""应用案例""巩固与拓展""思考与练习"五部分组成，将单片机应用系统设计与开发所需要的基本知识和基本技能穿插在各个项目中讲解，每个项目只讲解完成本项目所需要掌握的基本知识、基本方法和基本技能，从而将知识化整为零，降低了学习难度。由浅入深，由易到难，强调"教学做"一体，注重对学生职业能力的培养。

采用 C 语言编程，贴近职业岗位的需求。单片机的应用程序开发可以选择汇编语言，也可以选择 C 语言。但是，汇编语言编程难度大，程序的可移植性差，学生很难掌握，目前企业一般不采用汇编语言开发单片机应用系统。与之相反的是，C 语言编程难度相对容易，开发速度快，可移植性好，是企业进行单片机应用系统开发的主流语言。本教材选用 C 语言作为编程语言，更贴近职业岗位的需求。

本书的执笔者大多来自企业，有的从事过十多年单片机应用系统开发工作，企业实际经验非常丰富。如本书独有地介绍了"模块化编程"，是现代企业绝大多数工程师在代码开发过程中采用的编程方法，这在以往课程中很少涉及，但又是工程实际中不可回避的问题。书的内容来源于实际产品的设计制作，无论是器件的选型，还是电路的设计以及程序的编写都反映了工程上的实际需求，融入了现代企业的新技术、新工艺、新管理模式。

本书由肖春华、何琼任主编，卢高洁、耿晶晶、祝勋任副主编，龚东军作为参编给本书的编写提出了宝贵意见。具体分工：何琼负责编写项目一，祝勋负责编写项目二学习单元一，卢高洁负责编写项目二学习单元二，耿晶晶负责编写项目三学习单元一，肖春华负责编写项目三学习单元二、学习单元三、学习单元四、项目四、项目五、项目六，龚东平负责编写附录。全书由肖春华、何琼共同统稿。

在编写过程中，参阅了大量文献资料，并得到相关合作企业的大力支持，在此对武汉欣茂包装自动化有限公司、武汉瑞意电气有限公司的技术人员表示衷心的感谢！

由于笔者水平有限，书中难免有不足之处，敬请读者批评指正。

编者
2015 年 5 月

目 录

项目一 认识单片机接口

【学习目标】

1. 了解接口技术及其分类。
2. 了解 CPU 与接口交换数据的方式。
3. 了解单片机接口技术的特点。

【预备知识】

一、接口的基本概念

接口（Interface）是微处理器（CPU）与"外部世界"的连接电路，是 CPU 与外界进行信息交换的中转站。比如源程序或原始数据要通过接口从输入设备送给 CPU，运算结果要通过接口送给输出设备，控制命令通过接口发送给外部设备，CPU 通过接口获取现场信息，这些来往信息都要通过接口进行变换与中转。这里所说的"外部世界"，是指除 CPU 本身以外的所有设备或电路，包括存储器、I/O 设备、控制设备、测量设备、通信设备、多媒体设备、A/D 与 D/A 转换器等。各类外部设备（简称外设）和存储器，都是通过各自的接口电路连到微机系统的总线上去的，因此用户可以根据自己的要求，选用不同类型的外设，设置相应的接口电路，把它们挂载到系统总线上，构成不同用途、不同规模的应用系统。

为什么要在 CPU 与外设之间设置接口电路？有几个方面的原因：其一，CPU 与外设之间的信号线不兼容，在信号线功能定义、逻辑定义和时序关系上都不一致；其二，两者的工作速度不兼容，CPU 速度高，外设速度低；其三，若不通过接口，而由 CPU 直接对外设的操作实施控制，就会使 CPU 处于穷于应付与外设打交道之中，大大降低 CPU 的效率；其四，若外设直接由 CPU 控制，也会使外设的硬件结构依赖于 CPU，对外设本身的发展不利。因此，有必要设置接口电路，以便协调 CPU 与外设之间的工作，提高 CPU 的效率，并有利于外设按自身的规律发展。

随着集成电路集成度的增高，电子计算机向微型化和超微型化方向发展，微型计算机已成为导弹、智能机器人、卫星等复杂系统必不可少的智能部件。目前，微机不仅作为科学计算、实时控制、现代化通信和管理的手段，而且也成为人类进行学习、就医、咨询、购物、旅游等生活服务和娱乐的工具。然而，在微机系统中，微处理器的这种神通广大的功能必须通过外部设备才能实现，而外设与微处理器之间的信息交换及通信又是靠接口来实现的，所以，微机应用系统的研究和微机化产品的开发，从硬件角度来讲，就是接口电路的研究和开发，接口技术已成为直接影响微机系统的功能和微机推广应用的关键。微机的应用是随着外部设备的不断更新和接口技术的发展而深入到各个领域的。因此，掌握微机接口技术就成为当代科技和工程技术人员应用微型计算机必不可少的基本技能。

对于单片机来说，CPU 是整个系统的核心器件，它与其他外围电路和部件相互交接的部分就是接口。接口又分为硬件部分和软件部分。所谓接口硬件是指两个部件实体之间的连线和逻辑电路，而接口软件则是指为实现信息交换而设计的程序。在现有的技术条件下，接口硬件往往需要相应的接口软件的支持。

计算机的外围电路和部件通过接口进行互连的根本目的，就是要实现信息的交换。而这些外围电路和部件内信息的类型、格式以及对它们处理的方法和速度都有很大的差异。因此，各种外围电路和部件的接口技术也是各不相同的。根据接口的功能和所涉及的信息类型、格式以及信息交换的速度，具体的接口技术可以有以下几种大的分类。

1. 存储器接口与 I/O 外设接口

在计算机系统中，存储器与 I/O 外设是两类不同性质的功能电路。存储器的功能是存储信息，而 I/O 外设则用于信息的输入/输出。虽然在 51 系列单片机中没有独立的外部 I/O 指令，存储器与外部 I/O 的操作都采用 MOVX 指令，但存储器的特性与 I/O 外设有着明显的不同，而且目前存储器的种类也很多，各种类型的存储器特性也有很大的差异。

2. 串行接口与并行接口

微型计算机系统中的总线（数据总线、地址总线）都属于并行总线，即数据和地址的各位信息同时传送。并行接口的特点是信息传送的速度快，缺点是硬件连线多。

串行接口是将信息逐位传送，因此传送速度较慢。其优点是可以只用两根连接线就能传送任意位的信息。

3. 模拟接口与数字接口

凡是涉及模拟信号的接口部件都是模拟接口，反之为数字接口。模拟接口有两类，即 D/A 接口和 A/D 接口。

4. 高速接口与低速接口

所谓高速接口与低速接口，通常是指相对 CPU 的读写速度而言的，即信息传送速度。如果接口传送信息的速度接近或超过 CPU 的读写速度，就称为高速接口；反之就称为中低速接口。

二、接口的基本功能

1. 数据锁存、缓冲与驱动

根据总线的时序关系，CPU 向外设写一个数据时，数据仅仅在总线上存在一个很短的时间（在系统时钟为 12MHz 时，约 0.5μs）。一般情况下，外设很难在这样短的时间内完成应当做的工作。如果在接口电路中增加一个 D 触发器，就可以将输出数据锁存。锁存的信息可以为外设随时取得，不必考虑两者的速度配合。而 CPU 在输出数据后就可以进行其他操作。有些输入信息的接口也具有锁存功能。

接口电路除了要对数据进行锁存以外，还应当具有缓冲功能，即在输入/输出之间进行一定的隔离，以减少甚至消除相互之间的影响。接口部件输出到数据总线中去的缓冲器一般采用三态门，以防止外部的信号影响公用的数据总线所进行的其他操作。考虑到负载的情况和总线本身的负载能力，缓冲器一般都具有适当的驱动能力，特殊情况下还可以采用专门的驱动器。

2. 数据形式的变换

某些接口所连接的两个部件的信息形式是不同的，因此接口必须对所传送的信息进行变换以使其能适合接收方的要求。这方面最为明显的是 A/D 接口和 D/A 接口。

串行数据和并行数据的形式变换也是很常见的。除了一般形式的串行/并行数据变换以外，有时还要包括特殊的数据转换。例如，CRT 接口不仅要将计算机提供的并行数据转换为串行数据，还要将字符代码形式的数据转换为相应的字形信息。

在有些情况下，接口还要进行电平的转换。例如，串行通信标准 RS-232 的信号电平为 ±12V，而计算机内的逻辑电平通常为 TTL 电平（0～+5V），这就需要进行电平的变换。

3. 数据传送过程的控制

微处理器与外设通常是异步工作的，如果不对数据传送过程进行适当的控制，就有可能导致数据在传送过程中发生错误。例如，从 CPU 向外设输出一串数据，当输出的第一个数据锁存在接口电路中以后，外设必须及时取走它，否则就有可能发生当 CPU 发送第二个数据时，外设还未将第一个数据取走的情况，此时，由于锁存器的内容被更改，第一个数据就丢失了。

控制数据传送是否开始的依据应该是接收部件是否准备好，而开始接收数据的条件应该是对方的数据已经准备好。接口电路处于系统总线与外设之间，为了协调数据的传送，它应该有两个方向的联络、控制信号，以表征通信的双方是否已经准备就绪。

4. 地址编码与译码

计算机的各种接口部件通常要在系统中占据一个或多个 I/O 地址。对于 51 系列单片机，由于其外扩的 I/O 端口与外扩的随机存储器共用一个地址空间，因此，还牵涉到一个如何妥善安排地址空间，以便使各个接口部件之间互不影响，也不与存储器地址相冲突的问题。

I/O 端口地址通常采用译码的方法产生，但有的单片机应用系统的外围接口比较简单，也可以直接利用单片机本身的 I/O 端口进行连接，从而不占用任何的地址资源。

5. 接口软件

这里的所谓接口软件是指为了使接口电路正常工作，而由 CPU 所执行的程序。很多接口部件都有多种工作方式并可以通过编程改变其工作方式，称为可编程接口器件。由于接口电路的多样性，接口软件的设计也有很大的差异。接口软件通常包括接口初始化程序、接口状态检测和控制程序以及进行一个基本数据传输的程序。

三、CPU 与接口交换数据的方式

微机与外部设备之间的数据传送实际上是 CPU 与接口之间的数据传送，传送的方式不同，CPU 对外设的控制方式也不同，从而使接口电路的结构及功能也不同，所以接口电路设计者对 CPU 与外设之间采用什么方式传送数据颇为关心。在微机中，传送数据一般有 4 种方式，即无条件传送方式、查询方式、中断方式和 DMA 方式。

1. 无条件传送方式

无条件传送也称为同步程序传送。只有那些一直为数据 I/O 传送做好准备的外部设备，才能使用无条件传送方式。因为在进行 I/O 操作时，不需要测试外部设备的状态，可以根据需要随时进行数据传送操作。

无条件传送适用于以下两类外部设备的数据输入输出。

（1）具有常驻的或变化缓慢的数据信号的外部设备。例如，机械开关、指示灯、发光二极管、数码管等，可以认为它们随时为输入输出数据处于"准备好"状态。

（2）工作速度非常快，足以和 CPU 同步工作的外部设备。例如，数/模转换器 DAC，由于 DAC 是并行工作的，速度很快，因此 CPU 可以随时向其传送数据，进行数/模转换。

2. 查询方式

查询方式又称为有条件传送方式，即数据的传送是有条件的。在 I/O 操作之前，要先检测外设的状态，以了解外设是否已为数据输入输出做好了准备，只有在确认外设已"准备好"的情况下，CPU 才能执行数据输入输出操作。通常将以程序方法对外设状态进行检测称为"查询"，所以就将这种有条件的传送方式称为程序查询方式（简称查询方式）。为了实现查询方式的数据输入输出传送，需要接口电路提供外设状态，并以软件方法进行状态测试。因此这是一种软、硬件方法结合的数据传送方式。程序查询方式电路简单，查询软件也不复杂，而且通用性强，因此适用于各种外部设备的数据输入输出传送。但是查询过程对 CPU 来说毕竟是一个无用的开销，因此查询方式只能适用于单项作业、规模比较小的计算机系统。

3. 中断方式

采用中断方式传送数据时，无需反复测试外部设备的状态。在外部设备没有做好数据传送准备时，CPU 可以运行与传送数据无关的其他指令。外设做好传送准备后，主动向 CPU 请求中断，CPU 响应这一请求，暂停正在运行的程序，转入用来进行数据传送的中断服务子程序，完成中断服务子程序（即完成数据传送）后，自动返回原来运行的程序。这样，虽然外部设备工作速度比较低，但 CPU 在外设工作时，仍然可以运行其他程序，使外设与 CPU 并行工作，提高了 CPU 的效率。但为了实现中断传送，需要在 CPU 与外设之间设置中断控制器，这样一来，又增加了硬件开销。中断方式适用于 CPU 的任务比较繁忙的情况（如系统中有多个外设需要与 CPU 交换数据），尤其适合实时控制及紧急事件的处理。

4. DMA 方式

虽然中断传送方式可以在一定程度上实现 CPU 与外设并行工作，但是在外设与内存之间进行数据传送时，还是要经过 CPU 中转（即经过 CPU 的累加器读进和送出），并且每次中断只能传送 1 个数据，还要做程序的转移、保护现场和现场的恢复工作。这对高速外设（如磁盘）在进行大批量数据传送时，会造成中断次数过于频繁，不仅传送速度上不去，而且耗费大量 CPU 时间。为此，采用直接存储器存取（DMA）方式，使数据的传送不经过 CPU，由 DMA 控制器来实现内存与外设或者外设与外设之间的直接快速传送。

DMA 方式实际上是把输入/输出的控制过程中外设与内存交换数据的那部分操作与控制交给了 DMA 控制器，简化了 CPU 对输入/输出的控制。在查询和中断方式下，数据传送过程中的一些操作，如存取数据、地址刷新和计数以及检测传送是否结束等，是由软件控制相应的指令实现的。在 DMA 方式下，这些操作都由 DMA 控制器的硬件实现，因此传送速率很高，这对高速度大批量数据传送特别有用。例如，磁盘子系统和高速数据采集系统中均采用 DMA 方式，但这种方式要求设置 DMA 控制器，电路结构复杂，硬件开销大。

51 系列单片机与接口交换数据的方式主要是无条件传送方式、查询方式、中断方式。

四、单片机接口技术的特点

单片机已经具备了一些常用的功能部件，典型的单片机应用系统框图如图 1-1-1 所示。由图可知，单片机的应用主要是面向测控系统，因此，与通用微型计算机的接口技术相比较，单片机的接口技术有其自身的特点。

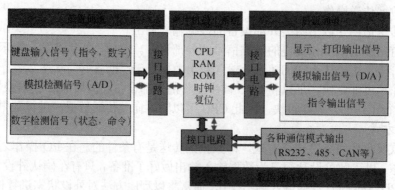

图 1-1-1　单片机应用系统框图

首先，单片机的接口更侧重于简单的人机接口和测控接口。通用微型计算机的人机界面是标准键盘和显示器，比单片机的人机接口要复杂得多，功能也强得多。例如，PC 机的键盘本身就是一个单片机系统，可以对 100 多个键进行扫描，并具有消除抖动和重键处理等功能。另外，通用计算机不是面向测控应用的，因此通常不具备测控接口，如果需要，必须使用扩展板。

其次，单片机的接口往往需要用户自行设计，而且没有统一的标准和规格。同一种功能往往可以采用不同的接口设计方案。而通用微型计算机的接口部件是已经设计好的，用户只能使用其提供的功能，不能更改其原有的设计。因此，单片机的接口设计往往需要更多的技巧和经验。

再次，单片机应用系统的规模通常都比较小，存储器的容量也不大。因此，很少采用大容量的存储器，而且通常只采用静态存储器，很少采用动态存储器。另外，也很少采用外部存储器（软盘、硬盘等）。而在通用微型计算机中，通常都采用大容量的动态存储器，软盘和硬盘更是必不可少的大容量的外部存储器。

【应用案例】

利用 74LSTTL 芯片实现简单的单片机输入接口的扩展。

由于 51 单片机的数据总线是一种公共的总线，不能够被独占，这就要求所接在上面的芯片必须具有"三态"，因此扩展输入接口实际上是要找到一个能够控制的、具有"三态"输出的芯片。当输入设备被选通时，它使输入设备的数据线和单片机的数据总线直接接通，当输入设备没有被选通时，它隔离数据源和数据总线（此时三态缓冲器为高阻抗状态）。

如果输入的数据可以保持比较长的时间（比如键盘），简单的输入接口扩展通常使用的典型芯片为 74LS244，由该芯片构成三态数据缓冲器。图 1-1-2 为 74LS244 芯片的引脚示意图。

74LS244 内部共有两个四位三态缓冲器，分别以 $\overline{1G}$ 和 $\overline{2G}$ 作为它们的选通工作信号。当 $\overline{1G}$ 和 $\overline{2G}$ 都为低电平时，输入端 A 和输出端 Y 状态相同，当 $\overline{1G}$ 和 $\overline{2G}$ 都为高电平时，输出呈高阻态。

图 1-1-3 为采用 74LS244 芯片进行简单输入接口扩展的连接图，图 1-1-4 为读 I/O 口的时序。当 P2.7 和 $\overline{RD}$ 同时为低电平时，74LS244 才能够将输入端的数据送至单片机的 I/O 口。其中 P2.7 决定了 74LS244 的地址，为 0××× ×××× ×××× ××××B，其中"×"代表任意电平。如此，就有很多地址都可以访问这个芯片，总共有从 0000H~7FFFH 共 32K 个地址都可以访问这个单元。通常，选择其中的最高地址作为这个芯片的地址来写控制程序，即设置 74LS244 芯片地址为 7FFFH。

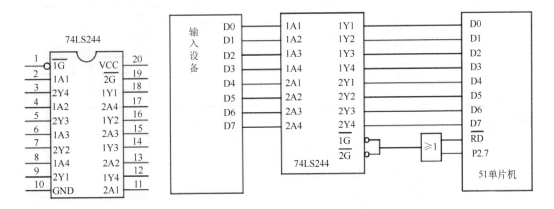

图 1-1-2 74LS244 引脚示意图   图 1-1-3 用 74LS244 扩展输入接口

【巩固与拓展】

1. 拓展目标

（1）进一步了解单片机接口技术的应用特点。

（2）了解单片机应用系统中常用的接口技术的类型。

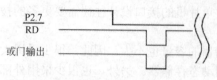

图 1-1-4　读 I/O 口时序示意图

（3）了解常用的单片机 I/O 接口扩展技术。

2. 任务描述

通过网络资源了解单片机应用系统中常用的接口技术有哪些，了解常用单片机的 I/O 接口扩展技术，并进行相应的归纳总结。

3. 任务实施

（1）实施条件

校内机房。

（2）安全提示

严格遵守机房管理制度，规范操作，防止计算机中毒和因操作不当损坏计算机。

（3）实施步骤

步骤一：查阅资料

请上网分别搜索关键词"单片机接口技术"与"单片机 I/O 接口技术"，查看百度百科的解释，这里面有较全的单片机自学资料，供大家课后学习参考。

步骤二：撰写学习笔记

根据查阅的资料，撰写书面学习笔记。

步骤三：分组交流

分组进行讨论，并按小组进行总结，每组形成一份规范的总结文档。

4. 任务检查与评价

整个任务完成之后，检测一下完成的效果，具体的测评细则见表 1-1-1。

表 1-1-1　任务完成情况的测评细则

一级指标	比例	二级指标	比例	得分
信息收集与自主学习	50%	1. 明确任务	5%	
		2. 独立进行信息资讯收集	10%	
		3. 制订合适的学习计划	5%	
		4. 充分利用现有的学习资源	20%	
		5. 排除学习干扰，自我监督与控制	10%	
文档归纳与整理	30%	1. 学习笔记情况	10%	
		2. 总结文档情况	20%	
职业素养与职业规范	20%	1. 严格遵守机房规章制度	5%	
		2. 电脑操作的规范性	5%	
		3. 团队分工协作情况	10%	
总计			100%	

【思考与练习】

1. 什么是接口技术？接口技术如何分类？

2. 单片机应用系统中的外围电路有哪些？

3. 接口技术主要实现哪些功能？

4. 简述 CPU 如何与接口交换数据。

5. 简述单片机接口技术的特点。

项目二 单片机显示接口技术

为方便人们观察和监测单片机的运行情况，在单片机应用系统中，通常需要用一种显示器作为单片机的输出设备，用来显示单片机系统中的键输入值、中间信息及运算结果。单片机系统中常用的显示器主要有 LED（发光二极管显示器）和 LCD（液晶显示器）。两种显示器均具有配置灵活、线路简单、安装方便、耐振动、寿命长等优点。相较而言，LED 价格更低廉，结构更简单，LCD 功耗更低，显示清晰度更高。

学习单元一 LED 点阵显示器及其接口技术

【学习目标】

1. 了解点阵 LED 屏显示原理。
2. 理解点阵屏的结构和控制方法。
3. 掌握 8×8 与 16×16 点阵显示接口电路设计。
4. 掌握 LED 点阵字模软件使用方法。
5. 熟练使用 C 语言实现点阵屏汉字显示程序。

【预备知识】

LED 点阵显示在 20 世纪 80 年代以来以一种崭新的形式被广泛运用在社会的各个方面，尤以点阵显示广告牌为甚。LED 点阵电子显示屏制作简单，安装方便，是一种由半导体发光二极管构成的显示点阵，通过控制每个 LED 的亮与灭实现图形或字符的显示。由于 LED 显示屏亮度高、视角广、工作电压低、功耗小、寿命长、耐冲击、性能稳定，因而被广泛应用于机场、商场、医院、宾馆、证券市场以及各种室外广场公告牌或广告牌。

一、LED 器件的应用基础

1. LED 器件简介

LED 器件种类繁多。早期 LED 产品是单个的发光灯，随着数字化设备的出现，LED 数码管和字符管得到了广泛的应用。LED 发光灯可以分为单色发光灯、双色发光灯、三色发光灯、面发光灯、闪烁发光灯、电压型发光灯等多种类型。按照发光灯强度又可以分为普通亮度发光灯、高亮度发光灯等。

LED 发光灯的外形由 PN 结、阳极引脚、阴极引脚和环氧树脂封装外壳组成。其核心部分是具有注入复合发光功能的 PN 结。环氧树脂封装外壳除具有保护芯片的作用外，还具有透光聚光的能力，以增强显示效果。

LED 器件通常用砷化镓（GaAs）、磷化镓（GaP）等半导体材料制成。当向 LED 器件施加正向电压时，器件内部的电子与空穴直接复合而产生能量，以光的形式释放出来，产生半导体发光。因此 LED 的驱动就是如何使它的 PN 结处于正偏状态，为了控制它的发光强度，还要解决正向电流的调节问题。具体的驱动方法可以分为直流驱动、恒流驱动、脉冲驱动和扫描驱动等。

2. LED 点阵显示器

LED 点阵显示器以发光二极管为像素，它用高亮度发光二极管芯阵列组合后，由环氧树脂和塑模封装而成。具有高亮度、功耗低、引脚少、视角大、寿命长、耐湿、耐冷热、耐腐蚀等特点，可显示红、黄、绿、橙等颜色。LED 点阵有 4×4、4×8、5×7、5×8、8×8、16×16、24×24、40×40 等多种，根据像素的数目分为单基色、双基色、三基色等，根据像素颜色的不同，所显示的文字、图像等内容的颜色也不同，单基色点阵只能显示固定色彩，如红、绿、黄等单色，双基色和三基色点阵显示内容的颜色由像素内不同颜色发光二极管点亮组合方式决定，如红绿都亮时可显示黄色。如果按照脉冲方式控制二极管的点亮时间，则可实现 256 或更高级灰度显示，即可实现真彩色显示。常用的 8×8 LED 点阵显示器的内部电路结构和外形规格如图 2-1-1 所示，所有型号的点阵的结构与引脚均可通过测试获得。

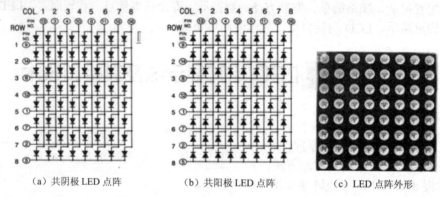

（a）共阴极 LED 点阵　　　　　（b）共阳极 LED 点阵　　　　　（c）LED 点阵外形

图 2-1-1　8×8 点阵式显示器原理及外形图

LED 的阳极接行引线、阴极接列引线的称为共阳极 LED 点阵式显示器，LED 的阳极接列引线、阴极接行引线的称为共阴极 LED 点阵式显示器。

LED 点阵显示器单块使用时，既可代替数码管显示数字，也可显示各种中西文字及符号。如 5×7 点阵显示器用于显示西文字母，5×8 点阵显示器用于显示中西文，8×8 点阵用于显示中文文字，也可用于图形显示。用多块点阵显示器组合则可构成大屏幕显示器，但这类实用装置常通过微机或单片机控制驱动。

以共阳极 LED 点阵式显示器为例，某行某列交点上 LED 发光，该行线应为高电平，该列线应为低电平。表 2-1-1 列出了字母 A 的点阵数据。显示时，按序号以字节为单位顺序送出显示，每个字节对应一列 LED。数据为"0"的位所对应的 LED 亮，数据为"1"的位所对应的 LED 不亮。

表 2-1-1　字母 A 的点阵数据

序号	数据							
	D_7	D_6	D_5	D_4	D_3	D_2	D_1	D_0
1	1	0	0	0	0	0	0	1
2	1	1	0	1	1	1	0	1
3	1	1	0	0	1	1	1	0
4	1	1	1	0	1	0	0	1
5	1	0	0	0	0	0	1	1

3. 点阵段式 LED 显示器的检测

以共阳极 LED 点阵式显示器为例,指针万用表置 10kΩ 挡,红表笔(负极)接列线,黑表笔(正极)接行线,检测方法与单个发光二极管相仿。

(1) 行线优先　黑表笔不动,红表笔测列线引脚,若测得同行 8 只发光二极管亮,则黑表笔对应行线。

(2) 列线优先　红表笔不动,黑表笔测行线引脚,若测得同列 8 只发光二极管亮,则红表笔对应列线。

二、点阵式 LED 驱动接口

点阵式 LED 显示器的显示方式有静态和动态显示两种。静态显示原理简单、控制方便,但硬件接线复杂,在实际应用中一般采用动态显示方式,动态显示采用扫描的方式工作,由峰值较大的窄脉冲驱动,从上到下逐次不断地对显示屏的各行进行选通,同时又向各列送出表示图形或文字信息的脉冲信号,反复循环以上操作,就可显示各种图形或文字信息。

由 LED 点阵显示器的内部结构可知,器件宜采用动态扫描驱动方式工作,由于 LED 管芯大多为高亮度型,因此某行或某列的单体 LED 驱动电流可选用窄脉冲,但其平均电流应限制在 20mA 内。多数点阵显示器的单体 LED 的正向压降在 2V 左右,但高亮度 ϕ10 的点阵显示器单体 LED 的正向压降约为 6V。

16×16 LED 点阵式显示器共有 16 列,所以每一列的显示时间是总显示时间的 1/16,动态工作电流是平均工作电流的 16 倍。当每一个 LED 的平均工作电流为 3mA 时,动态工作电流为 48mA,即行驱动电流为 3mA,限流电阻取 100Ω;列驱动电流最大值为行驱动电流 16 倍,即 16×48mA。

当 LED 点阵式显示器需要显示的位数较多时,行数远小于列数,按列扫描的动态显示方式较难提供足够的亮度,这时可以采用按行扫描的动态显示方式。由于只有 16 行,所以每一位 LED 显示的时间都是总的显示时间的 1/16,比列扫描的动态显示方式有较大的增加,而且不随显示位数的增加而改变,所以按行扫描动态显示方式的行驱动电流大。列驱动电流与行驱动电流计算方法如下。

列驱动电流=行数×平均工作电流

行驱动电流=列驱动电流×列数

不难看出,行驱动电流等于列驱动电流的倍数(显示点阵的列数)。设计驱动电路时,根据具体情况可选用晶体管 9012 或大电流输出的达林顿晶体管。列驱动电路可以选用 SN75492 或 74LS45。

1. 8×8 LED 驱动接口

以共阳极 LED 点阵为例,常用的 8×8 点阵驱动接口电路如图 2-1-2 所示,采用 74LS138 与三极管 8550 进行行驱动,列采用 74LS75 驱动。74LS138 的 $\overline{E}_2$、$\overline{E}_1$、E_3 为控制端,C、B、A 为输入端,$\overline{Y0}$、$\overline{Y1}$、$\overline{Y2}$、$\overline{Y3}$、$\overline{Y4}$、$\overline{Y5}$、$\overline{Y6}$、$\overline{Y7}$ 为译码输出端,其引脚图与功能表分别如图 2-1-3 与表 2-1-2 所示,图中 L0~L7 依次连接点阵的第 0 列至第 7 列,H0~H7 依次连接点阵的第 0 行至第 7 行。74LS75 引脚图与真值表分别如图 2-1-4 与表 2-1-3 所示。

译码器 74LS138 的 C、B、A 分别与单片机 IO 引脚 P2.2~P2.0 相连,组成行选电路,P2.2~P2.0 任意组合表示了 000~111 二进制数。例如,为 010 时,74LS138 输出 $\overline{Y}_2$ 有效,选择扫描点阵式 LED 的第 2 行,相应的三极管饱和导通。两片 74LS75 与单片机的 PO 口组成列选电路,当某个 IO 引脚输出低电平,与之相连的列低电平导通。例如,将 P2.2~P2.0 编程设置为 100,编程使 P0.7~P0.0 输出依次为 0、1、0、0、0、1、1、0,表示选择第 4 行的第 7、5、4、3、0 列二极管发光。改变行选和列选,不同行的列二极管发光,由此产生行扫描驱动。对于共阴极点阵，由于其有效行选通信号为低电平，因此三极管的集电极还需外接非门才能进行有效的行驱动。

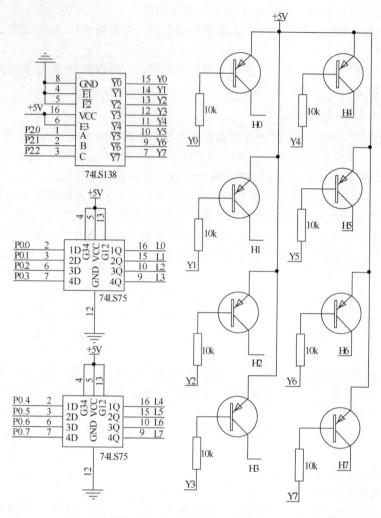

图 2-1-2 8×8 点阵驱动接口电路

表 2-1-2 74LS138 功能表

输入						输出							
$\overline{E1}$ $\overline{E2}$ E3			C	B	A	$\overline{Y0}$	$\overline{Y1}$	$\overline{Y2}$	$\overline{Y3}$	$\overline{Y4}$	$\overline{Y5}$	$\overline{Y6}$	$\overline{Y7}$
× × 0			×	×	×	1	1	1	1	1	1	1	1
1 1 ×			×	×	×	1	1	1	1	1	1	1	1
0 0 1			0	0	0	0	1	1	1	1	1	1	1
0 0 1			0	0	1	1	0	1	1	1	1	1	1
0 0 1			0	1	0	1	1	0	1	1	1	1	1
0 0 1			0	1	1	1	1	1	0	1	1	1	1
0 0 1			1	0	0	1	1	1	1	0	1	1	1
0 0 1			1	0	1	1	1	1	1	1	0	1	1
0 0 1			1	1	0	1	1	1	1	1	1	0	1
0 0 1			1	1	1	1	1	1	1	1	1	1	0

表 2-1-3　74LS75 真值表

输入 G D	输出 Q
1 0	0
1 1	1
0 ×	Q_0

2．16×16 LED 驱动接口

用 4 个 8×8 点阵显示器可构成 16×16 点阵显示器，其连接方法如图 2-1-5 所示。图中，将（A）和（B）的 8 列、（C）和（D）的 8 列分别对应相连，同时将（A）和（C）的 8 行、（B）和（D）的 8 行分别对应相连，即可形成一个 16 行（每一行有 16 个 LED）、16 列（每一列也有 16 个 LED）的 16×16 点阵显示器，可将这 256 个点称为一页，这样，显示字符时，只要对一页中对应的 LED 亮灭进行控制即可。

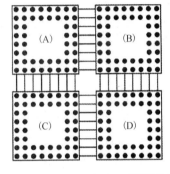

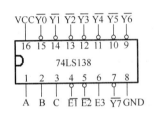

图 2-1-3　74LS138 引脚图　　图 2-1-4　74LS75 引脚图　　图 2-1-5　16×16 点阵显示器连接图

STC89C51RC 单片机有四个 IO 端口（P0、P1、P2、P3），每个 IO 端口有 8 位，如果都采用并行输出，显然不能满足要求，因此，行扫描驱动采用并口输出，而列扫描驱动采用串口输出。

以共阳极 LED 点阵为例，常用的行驱动电路与列驱动电路分别如图 2-1-6、图 2-1-7 所示，图中 H0~H15 依次表示与点阵的第 0 行至 15 行连接，L0~L15 依次表示与点阵的第 0 列至 15 列连接。

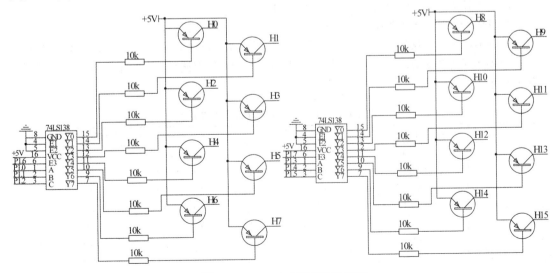

图 2-1-6　16×16 点阵行驱动电路

行选择电路与 8×8 点阵行扫描驱动接口类似，行驱动电路由晶体管 9012 组成，列驱动电路由集成电路 74LS164 级联组成。单片机通过 P1 口输出行选信号。通过串口输出列信号，LED 点阵式显示器任何时候只有 1 行 LED 发光，当扫描到某一行时，串口按这一行的显示状态输出这一行的点阵显示信号。每显示一个数字或符号，需要 16 组行显示数据，所以对于显示程序中的显示字库，每个字符要占 32 个字节的存储单元。表 2-1-4 列出了"师"字的点阵数据，按行序号依次将两个字节顺序送出显示，即两个字节对应一行 LED。

按照图 2-1-7 设计列驱动电路时，在进行软件设计中，应该编程设置串口工作在方式 0 状态。方式 0 为同步移位寄存器输入/输出方式，常用于扩展 I/O 口。RXT 为数据输入或输出，TXD 为移位时钟，作为外接部件的同步信号，无需起始位和停止位。图 2-1-8 为串口工作在方式 0 下常用的发送电路。

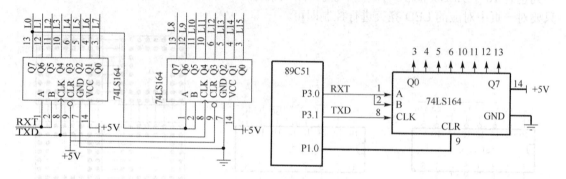

图 2-1-7　16×16 点阵列驱动电路　　　　图 2-1-8　串口工作方式 0 下发送电路图

工作方式 0 不适用于两个 STC89C51RC 之间的数据通信，可以通过外接移位寄存器来实现单片机的接口扩展。

在这种方式下，收/发的数据为 8 位，低位在前，无起始位、奇偶校验位及停止位，波特率是固定的。

在工作方式 0 下发送数据时，当执行一条将数据写入发送缓冲器 SBUF 的指令时，串行口自动将 SBUF 中的数据转换成 8 位串行数据，并将此 8 位串行数据以 $f_{osc}/12$ 的波特率从 RXT（P3.0）输出。当数据发送完成后，单片机内部硬件电路会自动将发送中断标志位 TI 置 1，并请求中断。再次发送数据之前，必须由软件将 TI 清 0。

两片 74LS138 的译码输入端 A、B、C 接单片机 P1.0～P1.5 端，P1.0～P1.5 与行选信号关系如表 2-1-4 所示。编写程序时，单片机 P1 口输出表 2-1-4 对应数据，串口按表 2-1-4 最右列对应列码（点阵显示器显示"师"）输出。动态显示要求循环进行逐行扫描，列码改变，则动态显示内容刷新。

表 2-1-4　P1.0～P1.5 与行选信号关系

行	P1.7～P1.6	P1.5～P1.0	15 行～8 行 Y7～Y0	7 行～0 行 Y7～Y0	"师"字行对应的列码	
0	0　1	000000	11111111	11111110	0xFF	0xEF
1	0　1	000001	11111111	11111101	0x80	0x2F
2	0　1	000010	11111111	11111011	0xFB	0xED
3	0　1	000011	11111111	11110111	0xFB	0xED
4	0　1	000100	11111111	11101111	0x80	0x2D
5	0　1	000101	11111111	11011111	0xBB	0xAD
6	0　1	000110	11111111	10111111	0xBB	0xAD
7	0　1	000111	11111111	01111111	0xBB	0xAD

行	P1.7~P1.6	P1.5~P1.0	15 行~8 行 Y7~Y0	7 行~0 行 Y7~Y0	"师"字行对应的列码
8	1　0	000000	11111110	11111111	0xBB　0xAD
9	1　0	001000	11111101	11111111	0xBB　0xB5
10	1　0	010000	11111011	11111111	0xAB　0xB5
11	1　0	011000	11110111	11111111	0xDB　0xB7
12	1　0	100000	11101111	11111111	0xFB　0xFB
13	1　0	101000	11011111	11111111	0xFB　0xFD
14	1　0	110000	10111111	11111111	0xFB　0xFE
15	1　0	111000	01111111	11111111	0xFB　0xFF

三、汉字编码及字模提取软件

1. 汉字编码

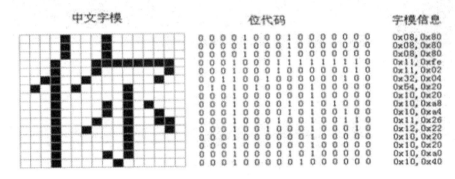

图 2-1-9　"你"字编码与字模

图 2-1-9 描述了"你"字编码与字模，并按照"亮为 1、不亮为 0"的原理（共阴极数码管），将该字按二进制码描述为一系列的位代码。后面所显示的字模信息是按照 C 语言的格式和横排编码方式进行的编码，同样可以结合硬件进行以下几种编码方式。

（1）横排——从左到右按行编码。

（2）下上列排——从下到上按列编码。

（3）上下列排——从上到下按列编码。

（4）下半列排——从中间到上按列编码，再从下到中间按列编码。

（5）上半列排——从上到中间按列编码，再从中间到下按列编码。

汉字的编码是一个极其繁琐的过程，如没有其他软件支持的话，可采用手工编码方式，但是编出来的汉字显示出来不美观。在实际的工程项目中，一般采用专用的"字模提取"软件来进行编码。

2. 字模软件

图 2-1-10 所示是一种常用字模提取软件的工作界面，具有基本操作设置、取模方式设置、修改图像设置、模拟动画设置、参数设置等功能。不同的字模软件界面会不一样，但是具体使用方法均类似，读者在百度中输入关键词"字模软件"，可以很方便地在网络上免费下载使用字模软件，同样，网络上也有相关软件使用的详细资料，方便读者下载学习。

利用字模软件进行编码时，需要根据实际的硬件电路来设置字模软件参数，现按照 16×16 点阵驱动电路（图 2-1-6、图 2-1-7），以实现"师"字模提取为例讲解字模软件的用法，主要分为以下几个步骤。

（1）在"参数设置/其他选项"中，选择"横向取模"，将"字节倒序"勾选去掉，如图 2-1-11 所示。

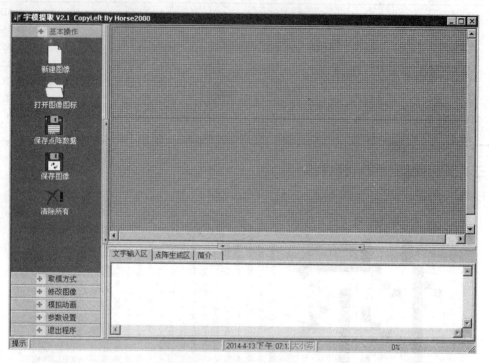

图 2-1-10　字模提取软件界面

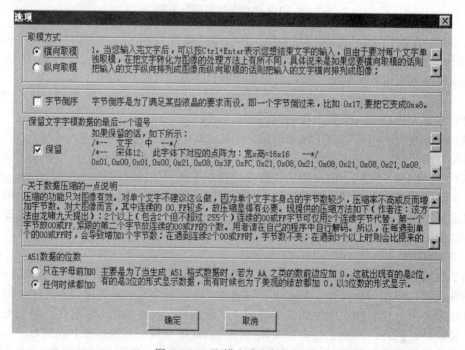

图 2-1-11　取模方式参数设置

（2）在"文字输入区"中，输入汉字"师"，按"Ctrl+Enter"键，进入如图 2-1-12 所示界面。

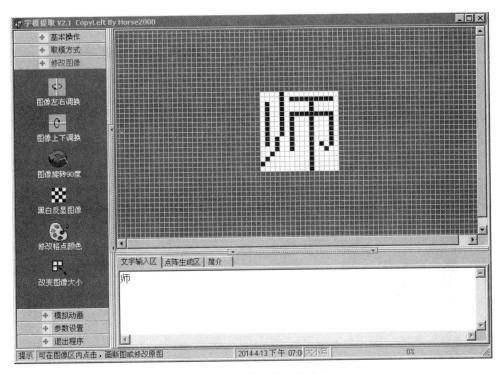

图 2-1-12　字模软件汉字输入

（3）在"修改图像"中，选择"图像左右调换"，进入如图 2-1-13 所示的界面。

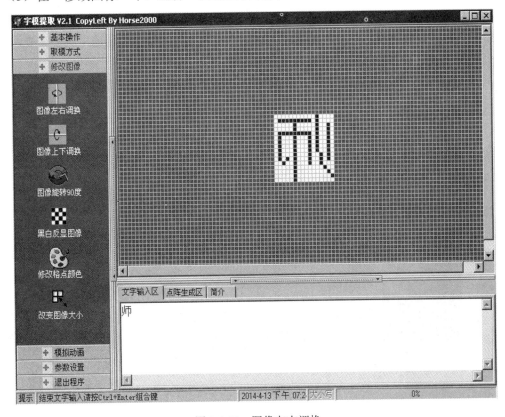

图 2-1-13　图像左右调换

（4）在"修改图像"中，选择"黑白反显图像"，进入如图 2-1-14 所示界面。

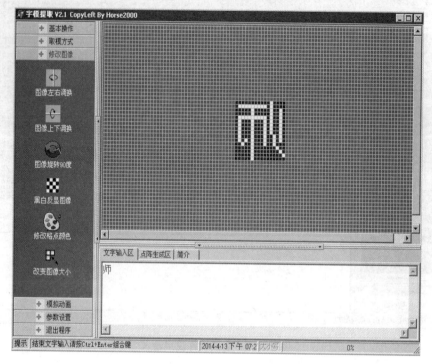

图 2-1-14　黑白反显图像

（5）在"取模方式"中，选择"C51 格式"（如果是采用汇编格式，则选择"A51 格式"），进入如图 2-1-15 所示界面，此时，界面右下角的"点阵生成区"就成功地生成了需要的字模信息，字模可以文件形式保存。

图 2-1-15　生成字模

值得注意的是，即使是同一个汉字，字形设置不一样时，取得的字模也不一样，这点可以从图 2-1-15 与图 2-1-16 之间进行比较后不难得出。

图 2-1-16 "师"字字形变换后的取模

【应用案例】

1. 编程实现在 16×16 LED 点阵上显示汉字"师"

（1）硬件原理图

电路原理图见图 2-1-6、图 2-1-7。

（2）程序流程图

本程序的逻辑结构比较简单，流程图如图 2-1-17 所示。

（3）软件代码

说明：本书第二篇至第五篇所有软件代码均基于单片机外接 12MHz 晶振编写。

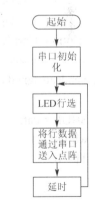

图 2-1-17 点阵显示"师"
程序流程图

根据流程图，参考程序如下所示：

```
#include <reg51.h>
unsigned char data sel[16]={0x40,0x41,0x42,0x43,0x44,0x45,
0x46,0x47,0x80,0x88,0x90,0x98,
0xa0,0xa8,0xb0,0xb8}; //行选
unsigned char code dat[32]={ 0xFF,0xEF,0x80,0x2F,0xFB,0xED,0xFB,0xED,0x80,
0x2D,0xBB,0xAD,0xBB,0xAD,0xBB,0xAD,0xBB,0xAD,0xBB,0xB5,0xAB,0xB5,
0xDB,0xB7,0xFB,0xFB,0xFB,0xFD,0xFB,0xFE,0xFB,0xFF}; //师
```

```
/*================================================
  Name:           Delay
  Description:     延时函数.        0.2ms
================================================*/
void Delay(unsigned char t)              //0.2ms * t   参考
{
    unsigned char time;
    do
    {
        time = 100;
        while(--time);
    }
    while(--t);
}


/*================================================
  Name:           Uart_Init
  Description:  串口初始化函数.
================================================*/
void Uart_Init()                         //      初始化
{
    SCON = 0x00;
}


/*================================================
  Name:           Send
  Description: Uart 发送数据函数.
================================================*/
void Send(unsigned char dat)             //      发送
{
    SBUF = dat;
    while(!TI);
    TI = 0;
}


/*================================================
  Name:           Show
  Description:     显示函数.
================================================*/
void Show()                              //      显示
{
    unsigned char i;
    unsigned char j = 0;
```

```
        for(i=0;i<16;i++)
        {
            P1 = sel[i];
            Send(dat[j]);
            Send(dat[j+1]);
            j += 2;
            Delay(6);
        }
}


/*================================================
    Name:          Cycle
    Description:    循环执行.
================================================*/
void Cycle()
{
    while(1)
    {
        Show();
    }
}


/*================================================
    Name:          main
    Description:    主函数.
================================================*/
void main()
{
    Uart_Init();
    Cycle();
}


// ================================================
// *** END OF FILE ***
// ================================================
```

2. 编程实现在 16×16 LED 点阵上由下至上滚动显示汉字 "坚持最可贵"

（1）硬件原理图

电路原理图见图 2-1-6、图 2-1-7。

（2）程序流程图

具体程序流程图如图 2-1-18 所示。

（3）软件代码

根据流程图，参考程序如下所示。

#include <reg51.h>

```
unsigned char s=0,x=0;
unsigned char data sel[]={0x40,0x41,0x42,0x43,0x44,0x45,0x46,0x47,0x80,0x88,
0x90,0x98,0xa0,0xa8,0xb0,0xb8};
unsigned char code dat[]={0xff,0xff,0xff,0xff,0xff,
0xff,0xff,0xff,0xff,0xff,0xff,0xff,
0xff,0xff,0xff,0xff,0xff,0xff,0xff,0xff,0xff,0xff,0xff,0xff,
0xff,0xff,0xff,0xff,0xff,0xff,0xff,0xff,
//
0xFF,0xDF,0xC0,0x5B,0xDF,0x5B,0xEE,0xDB,0xF
5,0xDB,0xFB,0xDB,0xE5,0xDB,0x9E,0x5B,0xFF,0xDF,0
xFF,0x7F,0xFF,0x7F,0xE0,0x03,0xFF,0x7F,0xFF,0x7F,0x
80,0x00,0xFF,0xFF,
// 坚
0xff,0xff,0xff,0xff,0xff,0xff,

0xFB,0xF7,0xFB,0xF7,0xFB,0xF7,0xC0,0x77,0xFB,
0xC0,0xFB,0xF7,0x80,0x37,0xEF,0xF7,0xEF,0xE7,0x80,
0x33,0xEF,0xF4,0xEE,0xF7,0xED,0xF7,0xEF,0xF7,0xEB,
0xF5,0xF7,0xFB,
// 持
0xff,0xff,0xff,0xff,0xff,0xff,

0xF0,0x07,0xF7,0xF7,0xF0,0x07,0xF7,0xF7,0xF0,0x07,0xFF,0xFF,0x80,0x00,0xFF,0xBB,0xE0,
0x83,0xEE,0xBB,0xF6,0x83,0xF5,0xBB,0xFB,0x0B,0xF5,0xB0,0xEE,
0xBD,0x9F,0x3F,
// 最
0xff,0xff,0xff,0xff,0xff,0xff,

0xFF,0xFF,0x80,0x01,0xF7,0xFF,0xF7,0xFF,0xF7,0x07,0xF7,0x77,0xF7,0x77,0xF7,0x77,0x
F7,0x77,0xF7,0x77,0xF7,0x07,0xF7,0x77,0xF7,0xFF,0xF7,0xFF,0xF5,0xFF,
0xFB,0xFF,
// 可
0xff,0xff,0xff,0xff,0xff,0xff,

0xFF,0x7F,0xF0,0x07,0xF7,0x77,0xF7,0x77,0xF0,0x07,0xFF,0x7F,0x80,0x00,0xFF,0xFF,0xF
0,0x07,0xF7,0xF7,0xF7,0x77,0xF7,0x77,0xF7,0x77,0xF9,0xBF,0xE7,0xCF,
0xDF,0xF1,
// 贵
0xff,0xff,0xff,0xff,0xff,0xff,0xff,0xff,0xff,0xff,0xff,0xff,0xff,0xff,0xff,0xff,
0xff,0xff,0xff,0xff,0xff,0xff,0xff,0xff,0xff,0xff,0xff,0xff,0xff,0xff,0xff,0xff};
//
/*=====================================================
Name:         Delay
```

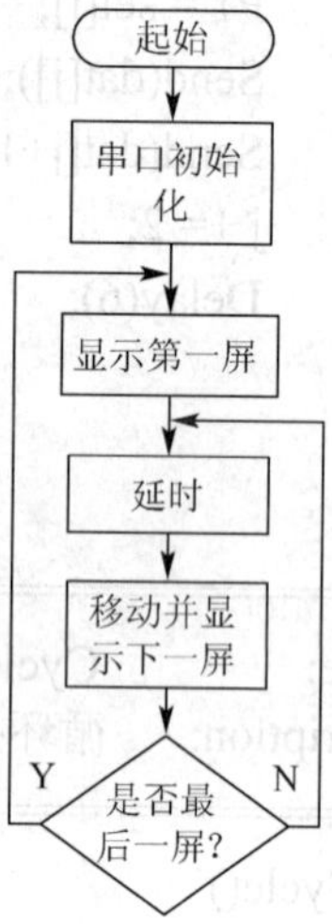

图 2-1-18 点阵滚动显示汉字程序流程图

Description: 延时函数.
===*/

```
void Delay(unsigned char t)          //    0.2ms * t    参考
{
    unsigned char time;
    do
    {
        time=100;
        while(--time);
    }
    while(--t);
}
```

/*===

Name: Init
Description: 初始化函数.
===*/

```
void Init()                          //    初始化
{
    TMOD = 0x01;
    TH0 = 25536/256;
    TL0 = 25536%256;
    EA = 1;
    ET0 = 1;
    SCON = 0x00;
    TR0 = 1;
}
```

/*===

Name: Send
Description: Uart 发送函数.
===*/

```
void Send(unsigned char dat)         //    发送
{
    SBUF = dat;
    while(!TI);
    TI = 0;
}
```

/*===

Name: Show
Description: 显示函数.
===*/

```
void Show()                        //     显示
{
    unsigned char i;
    for(i=0;i<16;i++)
    {
        P1 = sel[i];
        Send(dat[x]);
        Send(dat[x+1]);
        x += 2;
        Delay(8);
    }
}


/*========================================================
  Name:          Cycle
  Description:    循环执行.
  ========================================================*/
void Cycle()
{
    while(1)
    {
        if(s == 218)               //     判断是否最后一屏
        {
            s = 0;
        }
        if(!(s%2))                 //     每两次中断移动显示一次
        {
            x = s;
            Show();
        }
    }
}


/*========================================================
  Name:          main
  Description:    主函数.
  ========================================================*/
void main()
{
    Init();
    Cycle();
}
```

```
/*==================================================
    Name:           T0_Isr
    Description:    中断服务函数.
==================================================*/
void T0_Isr()interrupt 1          //      T0 中断
{
    s++;
    TH0 = 25536/256;
    TL0 = 25536%256;
}


// ==================================================
// *** END OF FILE ***
// ==================================================
```

【巩固与拓展】

1. 拓展目标

（1）熟悉点阵控制原理，熟练掌握字模提取软件的使用。

（2）利用 STC89C51RC 单片机完成点阵显示电路设计，利用 C 语言程序实现点阵屏汉字显示功能。

（3）完成 16×16 点阵汉字显示系统的设计、运行及调试。

2. 任务描述

利用 16×16 点阵，编程实现"hello，51 单片机"由上至下滚动显示。

3. 任务实施

（1）实施条件

① "教学做"一体化教室。

② 计算机（安装有 Keil 软件、ISP 下载软件）、串口下载线或专用程序烧写器，作为程序的开发调试以及下载工具。

（2）安全提示

① 焊接电路时注意规范操作电烙铁，防止因为操作不当导致受伤。

② 上电前一定要进行电路检测，将桌面清理干净，防止桌面残留的焊锡、剪掉的元器件引脚引起电路板短路，特别是防止电源与地短路导致芯片损坏。

③ 上电后不能够用手随意触摸芯片，防止芯片受损。

④ 规范操作万用表、示波器等检测设备，防止因为操作不当损坏仪器。

（3）实施步骤

步骤一：硬件准备工作

准备好焊接所需的镊子、导线、电烙铁、相关电子元器件、焊接用的电路板，根据图 2-1-6、图 2-1-7 以及单片机最小系统图（图 2-1-19）焊接电路，利用万用表、示波器等设备对焊接的电路板进行调试，确保电路板焊接准确无误。

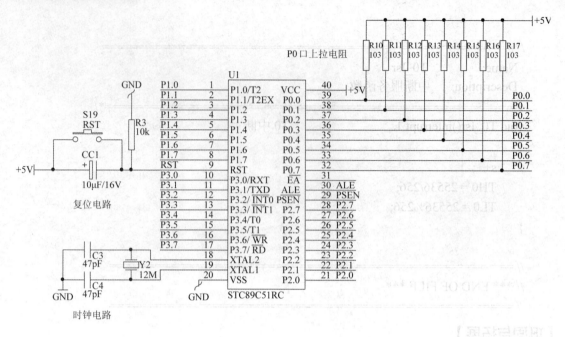

图 2-1-19 单片机最小系统

步骤二：编写程序

① 编写程序流程图。程序流程图见图 2-1-20。

② 利用电脑在 Keil 开发环境下编程，参考程序如下所示。

```
#include <reg51.h>
unsigned char x=0;   //计数值
unsigned char n=0;     //计数值
unsigned char data sel[] = {0x40,0x41,0x42,0x43,0x44,0x45,
0x46,0x47,0x80,0x88,
    0x90,0x98,0xa0,0xa8,0xb0,0xb8}; //   行选
unsigned char code dat[] = {0xff,0xff,0xff,0xff,0xff,0xff,0xff,
0xff,0xff,0xff,0xff,
    0xff,0xff,0xff,0xff,0xff,0xff,0xff,0xff,0xff,0xff,0xff,
0xff,0xff,0xff,0xff,0xff,0xff,0xff,0xff,
    //hello51
0xFF,0xFF,0xFF,0xFF,0xDA,0x95,0xAA,0xD5,0xAA,0x91,0xAA,
0xD5,0xDA,0x95,0xFF,0xFF, 0xFF,0xFF,0xF7,0x8F,0xF7,0x7F,0xF7,
0x7F,0xF7,0x8F,0xF7,0xEF,0xF7,0x0F,0xFF,0xFF,
    0xff,0xff,0xff,0xff,0xff,0xff,
    //单
0xFE,0xFF,0xFE,0xFF,0xFE,0xFF,0x00,0x01,0xFE,0xFF,0xFE,
0xFF,0xC0,0x07,0xDE,0xF7, 0xDE,0xF7,0xC0,0x07,0xDE,0xF7,
0xDE,0xF7,0xC0,0x07,0xFB,0xBF,0xF7,0xDF,0xEF,0xEF,
```

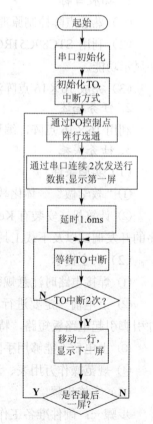

图 2-1-20 拓展任务程序流程图

0xff,0xff,0xff,0xff,0xff,0xff,

//片

0xFB,0xFD,0xFB,0xFB,0xFB,0xFB,0xFB,0xF7,0xFB,0xF7,0xFB,0xF7,0xF8,0x07,0xFF,0xF7,

0xFF,0xF7,0xFF,0xF7,0xC0,0x07,0xFD,0xF7,0xFD,0xF7,0xFD,0xF7,0xFD,0xF7,0xFD,0xFF,

0xff,0xff,0xff,0xff,0xff,0xff,

//机

0xFF,0xD7,0x8F,0xB7,0xB7,0xB7,0xB7,0x77,0xB7,0x77,0xF7,0x76,0xF7,0x55,0xF7,0x55,0xF7,

0x63,0xF7,0x73,0xF7,0x77,0xF7,0x40,0xF7,0x77,0xF7,0x77,0xF0,0x77,0xFF,0xF7,

0xff,0xff,0xff,0xff,0xff,0xff,0xff,0xff,0xff,0xff,0xff,0xff,0xff,0xff,0xff,0xff,0xff,0xff,0xff,

0xff,0xff,0xff,0xff,0xff,0xff,0xff,0xff,0xff,0xff,0xff,0xff};

```
/*================================================
    Name:         Delay
    Description: 延时函数.    0.2ms
================================================*/
void Delay(unsigned char t)        //      0.2ms * t   参考
{
    unsigned char time;
    do
    {
        time = 100;
        while(--time);
    }
    while(--t);
}


/*================================================
    Name:         Init_T0
    Description: 初始化 T0.
================================================*/
void Init_T0()    // 初始化 T0
{
    TMOD=0x01;
    TH0 = (65536-40000)/256;
    TL0 = (65536-40000)%256;
    EA  = 1;
    ET0 = 1;
    TR0 = 1;
}


/*================================================
```

```
        Name:           Init_Uart
        Description: 初始化串口.
===================================================*/
void Init_Uart()            //      初始化串口
{
        SCON = 0x00;
}

/*===================================================
 Name:           Send
 Description: 串口发送数据.
===================================================*/
void Send(unsigned char dat)    //    发送数据
{
        SBUF=dat;
        while(!TI);
        TI=0;
}


/*===================================================
 Name:           Show
 Description: 点阵显示.
===================================================*/
void Show()                 //      点阵显示
{
        unsigned char i;
        for(i=16;i>0;i--)
        {
                P1=sel[i];          //    行选
                Send(dat[n]);       //    送数据
                Send(dat[n+1]);
                Delay(8);
                n+=2;
        }
}

/*===================================================
 Name:           Deal
 Description: 显示处理.
===================================================*/
void Deal()                 //      处理
{
        if(x==180)              //    判断是否最后一屏
```

```
        {
            x = 0;
        }
        if(!(x%2))              // 每两次中断移一行
        {
            n = x;
            Show();
        }
    }
}
```

```
/*===============================================================
  Name:           Cycle
  Description: 循环执行.
  ===============================================================*/
void Cycle()
{
    while(1)
    {
        Deal();
    }
}
```

```
/*===============================================================
  Name:           main
  Description: 主函数.
  ===============================================================*/
void main()
{
    Init_Uart();
    Init_T0();
    Cycle();
}
```

```
/*===============================================================
  Name:           T0_Isr
  Description: T0 中断服务函数.
  ===============================================================*/
void T0_Isr()interrupt 1
{
    x++;
    TH0 = (65536-40000)/256;
    TL0 = (65536-40000)%256;
}
```

```
// ========================================================
// *** END OF FILE ***
// ========================================================
```

步骤三：调试程序

根据任务控制要求，对编写好的程序进行调试，直至无误，生成.hex 文件。

步骤四：下载程序并运行

将编译好的.hex 文件利用串口下载线或者是专用烧写器存储到单片机内部 ROM 中，运行程序，观察现象是否跟预期一致。

4. 任务检查与评价

整个任务完成之后，检测一下完成的效果，具体的测评细则见表 2-1-5。

表 2-1-5 任务完成情况的测评细则

一级指标	比例	二级指标	比例	得分
电路板制作	30%	1. 元器件布局的合理性	5%	
		2. 布线的合理性、美观性	2%	
		3. 焊点的焊接质量	3%	
		4. 电路板的运行调试	20%	
程序设计及调试	40%	1. 开发软件的操作、参数的设置	2%	
		2. 控制程序具体设计	25%	
		3. 程序设计的规范性	3%	
		4. 程序的具体调试	10%	
通电实验	20%	1. 程序的下载	5%	
		2. 程序的运行情况，现象的正确性	15%	
职业素养与职业规范	10%	1. 材料利用效率，耗材的损耗	2%	
		2. 工具、仪器、仪表使用情况，操作规范性	5%	
		3. 团队分工协作情况	3%	
总计		100%		

【思考与练习】

1. 详细叙述区别点阵行和列、共阴或共阳方法。

2. 简述点阵屏显示器的控制方法。

3. 分析 8×8 与 16×16 点阵显示原理以及硬件工作原理。

4. 利用 STC89C51RC 以及相关芯片设计 32×32 点阵显示器。

5. 如何使字符在点阵显示器上由上至下移动和由左至右移动显示？

学习单元二 LCD 原理与接口技术

【任务目标】

1. 了解液晶显示器分类与显示特点。
2. 了解液晶显示器相关原理。
3. 理解 LCD 1602 结构及控制原理。
4. 掌握 LCD 1602 与单片机接口原理以及编程方法。

【预备知识】

一、液晶显示器简介

在日常生活中，我们对液晶显示器并不陌生，液晶显示模块已作为很多电子产品的显示器件，如在计算器、万用表、电子表及很多家用电子产品中都可以看到，显示的主要是数字、专用符号和图形。

常用的单片机系统输出显示器除了 LED（发光二极管显示器）以外，另一种重要的显示方式为液晶显示。液晶显示器简称 LCD 显示器，它是利用液晶经过处理后能改变光线的传输方向的特性实现显示信息的。液晶显示器具有体积小、重量轻、功耗极低、显示内容丰富等特点。

在单片机系统中应用液晶显示器作为输出器件有以下几个优点。

（1）显示质量高　由于液晶显示器每一个点在收到信号后就一直保持那种色彩和亮度，恒定发光，而不像阴极射线管显示器（CRT）那样需要不断刷新亮点，因此，液晶显示器画质高且不会闪烁。

（2）数字式接口　液晶显示器都是数字式的，和单片机系统的接口更加简单可靠，操作更加方便。

（3）体积小、重量轻　液晶显示器通过显示屏上的电极控制液晶分子状态来达到显示的目的，在重量上比相同显示面积的传统显示器要轻得多。

（4）功耗低　相对而言，液晶显示器的功耗主要消耗在其内部的电极和驱动 IC 上，因而耗电量比其他显示器要少得多。

二、液晶显示器分类

液晶显示是通过液晶显示模块实现的。液晶显示模块（LCD Module）是一种将液晶显示器件、连接件、集成电路、PCB 线路板、结构件装配在一起的组件。液晶显示器的分类方法有很多种，通常可按其显示方式分为：段式液晶显示器、字符点阵式显示器和图形点阵式液晶显示器三类。除了黑白显示外，液晶显示器还有多灰度和彩色显示等。如果根据驱动方式来分，可以分为静态驱动（Static）、单纯矩阵（Simple Matrix）驱动和主动矩阵（Active Matrix）驱动三种。字符型液晶显示模块是一种专门用于显示字母、数字、符号等的点阵式液晶显示模块。它是由若干个 5×7 点阵字符位组成的，每一个点阵字符位都可以显示一个字符。点阵字符位之间有一定的间隔，这样就起到了字符间距和行距的作用。要使用点阵式 LCD 显示器，必须有相应的 LCD 控制器、驱动器来对 LCD 显示器进行扫描、驱动，以及一定空间的 ROM 和 RAM 来存储写入的命令和显示字符的点阵。通常将 LCD 控制器、驱动器、RAM、ROM 和 LCD 显示器连接在一起，称为液晶显示模块 LCM。使用时只要往 LCM 送入相应的命令和数据就可以实现显示所需的信息。

三、液晶显示器工作原理

液晶显示的原理是利用液晶的物理特性，通过电压对其显示区域进行控制，有电就有显示，这样就可以显示出图形。液晶显示器具有厚度薄、适用于大规模集成电路直接驱动、易于实现全彩色显示的特点，目前已经被广泛应用在便携式电脑、数字摄像机、PDA 移动通信工具等众多领域。下面将分别阐述液晶显示器各种图形的显示原理。

1. 线段的显示

点阵图形式液晶由 $M×N$ 个显示单元组成，假设 LCD 显示屏有 64 行，每行有 128 列，每 8 列对应 1 字节的 8 位，即每行由 16 字节，共 16×8=128 个点组成，屏上 64×16 个显示单元与显示 RAM 区 1024 字节相对应，每一字节的内容和显示屏上相应位置的亮暗对应。例如，屏的第一行的亮暗由 RAM 区的 000H～00FH 的 16 字节的内容决定，当（000H）=FFH 时，则屏幕的左上角显示一条短亮线，长度为 8 个点；当（3FFH）=FFH 时，则屏幕的右下角显示一条短亮线；当（000H）=FFH、（001H）=00H、（002H）=FFH，……（00EH）=FFH，（00FH）=00H 时，则在屏幕的顶部显示一条由 8 条亮线和 8 条暗线组成的虚线，这就是 LCD 显示的基本原理。

2. 字符的显示

用 LCD 显示一个字符时比较复杂，因为一个字符由 6×8 或 8×8 点阵组成，既要找到和显示屏上某几个位置对应的显示 RAM 区的 8 字节，还要使每字节的不同位为“1”，其他的为“0”，为“1”的点亮，为“0”的不亮，这样就可以组成某个字符。对于内带字符发生器的控制器来说，显示字符就比较简单了，可以让控制器工作在文本方式，根据在 LCD 上开始显示的行列号及每行的列数找出显示 RAM 对应的地址，设立光标，向此地址发送该字符对应的代码即可。

3. 汉字的显示

汉字的显示一般采用图形的方式，事先从微机中提取要显示的汉字的点阵码（一般用字模提取软件），每个汉字占 32bit，分左右两半，各占 16bit，左边为 1、3、5……右边为 2、4、6……根据在 LCD 上开始显示的行列号及每行的列数可找出显示 RAM 对应的地址，设立光标，送上要显示的汉字的第一字节，光标位置加 1，送第二个字节，换行按列对齐，送第三个字节……直到 32bit 显示完就可以在 LCD 上得到一个完整汉字。

四、1602 字符型 LCD 简介及应用实例

字符型液晶显示模块是一种专门用于显示字母、数字、符号等点阵式 LCD，目前常用 16×1 行、16×2 行、20×2 行和 40×2 行等的模块。常用的字符型液晶显示模块是 RT-1602C，它是用 2 行 16 个字的 5×7 点阵图形来显示字符的液晶显示器。通常情况下 1602 字符型液晶显示器实物如图 2-2-1 所示。

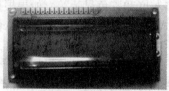

（a）正面图　　　　　　　　　　　　　　　（b）背面图

图 2-2-1　1602 字符型液晶显示器实物图

1. 1602 字符型 LCD 的基本参数及引脚功能

（1）1602 字符型 LCD 外形尺寸

1602 字符型 LCD 分为带背光和不带背光两种,基控制器大部分为 HD44780,带背光的比不带背光的厚,是否带背光在应用中并无差别。两者尺寸差别如图 2-2-2 所示。

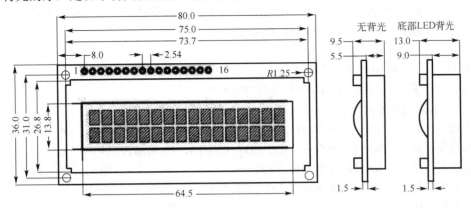

图 2-2-2　1602 字符型 LCD 尺寸图

(2) 1602 字符型 LCD 主要技术参数

1602 字符型 LCD 工作时的主要技术参数如表 2-2-1 所示。

表 2-2-1　1602LCD 主要技术参数

显　示　容　量	16×2 个字符
芯片工作电压	4.5～5.5V
工作电流	2.0mA(5.0V)
模块最佳工作电压	5.0V
字符尺寸	2.95mm×4.35mm($W×H$)

(3) 1602 字符型 LCD 接口信号说明

1602 字符型 LCD 采用标准的 14 脚(无背光)或 16 脚(带背光)接口,各引脚接口说明如表 2-2-2 所示。

表 2-2-2　引脚接口说明表

编　号	符　号	引脚说明	编　号	符　号	引脚说明
1	VSS	电源地	9	D2	Data I/O
2	VDD	电源正极	10	D3	Data I/O
3	VL	液晶显示偏压信号	11	D4	Data I/O
4	RS	数据/命令选择(H/L)	12	D5	Data I/O
5	R/W	读/写选择(H/L)	13	D6	Data I/O
6	E	使能信号	14	D7	Data I/O
7	D0	Data I/O	15	BLA	背光源正极
8	D1	Data I/O	16	BLK	背光源负极

第 1 脚:VSS 为电源地。

第 2 脚:VDD 接 5V 正电源。

第 3 脚:VL 为液晶显示器对比度调整端,接正电源时对比度最低,接地时对比度最高,对比度过高时会产生"鬼影",使用时可以通过一个 10K 的电位器调整对比度。

第 4 脚:RS 为寄存器选择,高电平时选择数据寄存器,低电平时选择指令寄存器。

第 5 脚:R/W 为读写信号线,高电平时进行读操作,低电平时进行写操作。当 RS 和 R/W

共同为低电平时，可以写入指令或者显示地址；当 RS 为低电平，R/W 为高电平时，可以读忙信号；当 RS 为高电平，R/W 为低电平时，可以写入数据。

第 6 脚：E 端为使能端，当 E 端由高电平跳变成低电平时，液晶模块执行命令。

第 7～14 脚：D0～D7 为 8 位双向数据线。

第 15 脚：BLA 为背光源正极。

第 16 脚：BLK 为背光源负极。

（4）控制器接口说明（HD44780 及兼容芯片）

① 基本读写操作时序

读状态。输入：RS=L，RW=H，E=H   输出：D0～D7=状态字

写指令。输入：RS=L，RW=L，D0～D7=指令码，E=高脉冲   输出：无

读数据。输入：RS=H，RW=H，E=H   输出：D0～D7=数据

写数据。输入：RS=H，RW=L，D0～D7=数据，E=高脉冲   输出：无

脉冲指在电子电路中电平的状态突变，既可以是突然升高（脉冲的上升沿），也可以是突然降低（脉冲的下降沿）。一般脉冲在电平突变后，又会在很短的时间内恢复到原来的电平状态。

读写操作时序如图 2-2-3 和图 2-2-4 所示，时序参数如表 2-2-3 所示。

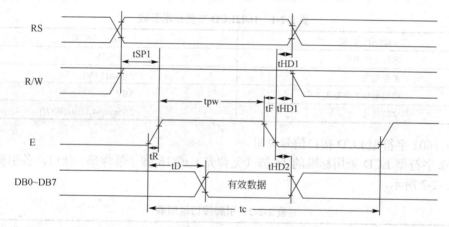

图 2-2-3 读操作时序

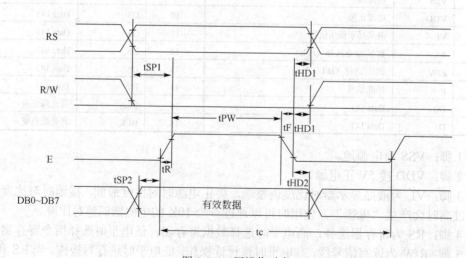

图 2-2-4 写操作时序

表 2-2-3 时序参数

时序参数	符号	极限值			单位	测试条件
		最小值	典型值	最大值		
E 信号周期	tc	400	—	—	ns	引脚 E
E 脉冲宽度	tPW	150	—	—	ns	
E 上升沿/下降沿时间	tR,tF	—	—	25	ns	
地址建立时间	tSP1	30	—	—	ns	引脚 E、RS、R/W
地址保持时间	tHD1	10	—	—	ns	
数据建立时间（读操作）	tD	—	—	100	ns	引脚 DB0~DB7
数据保持时间（读操作）	tHD2	20	—	—	ns	
数据建立时间（写操作）	tSP2	40	—	—	ns	
数据保持时间（写操作）	tHD2	10	—	—	ns	

② 状态字说明

状态字如表 2-2-4 所示。

表 2-2-4 控制器状态字

（a）状态字

STA7	STA6	STA5	STA4	STA3	STA2	STA1	STA0
D7	D6	D5	D4	D3	D2	D1	D0

（b）状态字说明

STA0~STA6	当前数据地址指针的数值	
STA7	读写操作使能	1：禁止 0：允许

每次在对控制器进行读写操作之前，都必须进行读写检测，确保 STA7 为 0。如果在写入速度很慢的情况下，可以不进行读写检测，如时钟程序（最小单位为秒）等。

③ RAM 地址映射图

液晶显示模块是一个慢显示器件，所以在执行每条指令之前一定要确认模块的忙标志为低电平，表示不忙；否则此指令失效。要显示字符时，先输入显示字符地址，也就是告诉模块在哪里显示字符。

控制器内部带有 80×8 位 80 字节的 RAM 缓冲区，对应关系如图 2-2-5 所示。每一行有 40 个字节地址，但是只能够显示前 16 个字节，后面的地址主要为显示移动字幕设置。

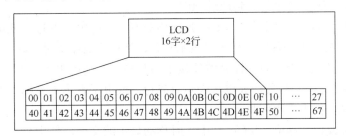

图 2-2-5 1602 字符型 LCD 内部显示地址

控制器内部设有一个数据地址指针，实际编程时指令码应该设置成 80H+地址码（00H~27H，40H~67H），这样才能够设置正确的地址指针。例如，第二行第一个字符的地址是 40H，那么是否直接写入 40H 就可以将光标定位在第二行第一个字符的位置呢？这样不行，因为写入显示地址时要求最高位 D7 恒定为高电平 1，所以实际写入的数据应该是 01000000B（40H）+10000000B(80H)=11000000B(C0H)。

在对液晶模块的初始化中要先设置其显示模式，在液晶模块显示字符时，光标是自动右移的，无需人工干预。每次输入指令前都要判断液晶模块是否处于忙的状态。

1602 液晶模块内部的字符发生存储器（CGROM）已经存储了 160 个不同的点阵字符图形，这些字符有阿拉伯数字、英文字母的大小写、常用的符号等，每一个字符都有一个固定的代码，比如大写的英文字母"A"的代码是 01000001B（41H），显示时，模块把地址 41H 中的点阵字符图形显示出来，我们就能看到字母"A"。具体的字符代码与图形对应图可参考 1602 字符型 LCD 数据手册。

④ 1602 字符型 LCD 的指令说明及时序

1602 液晶模块内部的控制器共有 11 条控制指令，如表 2-2-5 所示。1602 液晶模块的读写操作、屏幕和光标的操作都是通过指令编程来实现的。

表 2-2-5　控制命令表

序号	指令	RS	R/W	D7	D6	D5	D4	D3	D2	D1	D0
1	清显示	0	0	0	0	0	0	0	0	0	1
2	光标返回	0	0	0	0	0	0	0	0	1	×
3	置输入模式	0	0	0	0	0	0	0	1	I/D	S
4	显示开/关控制	0	0	0	0	0	0	1	D	C	B
5	光标或字符移位	0	0	0	0	0	1	S/C	R/L	×	×
6	置功能	0	0	0	0	1	DL	N	F	×	×
7	置字符发生存储器地址	0	0	0	1	字符发生存储器地址					
8	置数据存储器地址	0	0	1	显示数据存储器地址						
9	读忙标志或地址	0	1	BF	计数器地址						
10	写数到 CGRAM 或 DDRAM	1	0	要写的数据内容							
11	从 CGRAM 或 DDRAM 读数	1	1	读出的数据内容							

注：1 为高电平、0 为低电平。

指令 1：清显示，指令码 01H，光标复位到地址 00H 位置。

指令 2：光标复位，光标返回到地址 00H。

指令 3：光标和显示模式设置。I/D：光标移动方向，高电平右移，低电平左移。S：屏幕上所有文字是否左移或者右移。高电平表示有效，低电平表示无效。

指令 4：显示开关控制。D：控制整体显示的开与关，高电平表示开显示，低电平表示关显示。C：控制光标的开与关，高电平表示有光标，低电平表示无光标。B：控制光标是否闪烁，高电平闪烁，低电平不闪烁。

指令 5：光标或显示移位。S/C：高电平时移动显示的文字，低电平时移动光标。R/L：移动方向控制位，低电平时左移，高电平时右移。

指令 6：功能设置命令。DL：高电平时为 4 位总线，低电平时为 8 位总线。N：低电平时为单行显示，高电平时双行显示。F：低电平时显示 5×7 的点阵字符，高电平时显示 5×10 的点阵字符。

指令 7：字符发生器 RAM 地址设置。

指令 8：DDRAM 地址设置。

指令 9：读忙信号和光标地址。BF：为忙标志位，高电平表示忙，此时模块不能接收命令或者数据，如果为低电平表示不忙。

指令 10：写数据。

指令 11：读数据。

⑤ 1602LCD 的一般初始化（复位）过程

LCD 使用之前必须对它进行初始化，初始化可通过复位完成，也可在复位后完成，典型的初始化过程通过如下步骤实现。

第 1 步：延时 15ms。

第 2 步：写指令 38H（不检测忙信号）。

第 3 步：延时 5ms。

第 4 步：写指令 38H（不检测忙信号）。

第 5 步：延时 5ms。

第 6 步：写指令 38H（不检测忙信号）。

第 7 步：每次写指令、读/写数据操作均需要检测忙信号。

第 8 步：写指令 38H：显示模式设置。

第 9 步：写指令 08H：显示关闭。

第 10 步：写指令 01H：显示清屏。

第 11 步：06H：显示光标移动设置。

第 12 步：写指令 0CH：显示开及光标设置。

2. 1602 显示硬件接口原理图

1602 液晶显示模块可以和单片机 STC89C51RC 直接接口，实现简单，具体连接方案可参考图 2-2-6。其中，液晶屏 1 脚接地，16 脚接 4.7kΩ 电阻接地，2 脚与 15 脚接 5V 电源，10kΩ 的电位器接 3 号引脚，通过电位器可以改变对比度，4～6 引脚依次与单片机 P1.0～P1.2 相连，7～14 引脚分别与单片机 P0.0～P0.7 对应的引脚相连接。

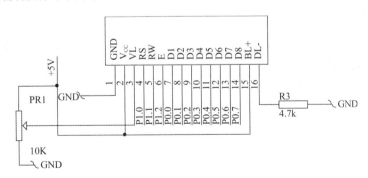

图 2-2-6　1602LCD 与单片机接口电路

【应用案例】

编程实现在 1602LCD 第一行显示 WVCSE SCC HC V-，在第二行显示 1.0 LCD TEST OK。

（1）硬件原理图

电路原理图见图 2-2-6。

（2）程序流程图

本例流程图如图 2-2-7 所示。

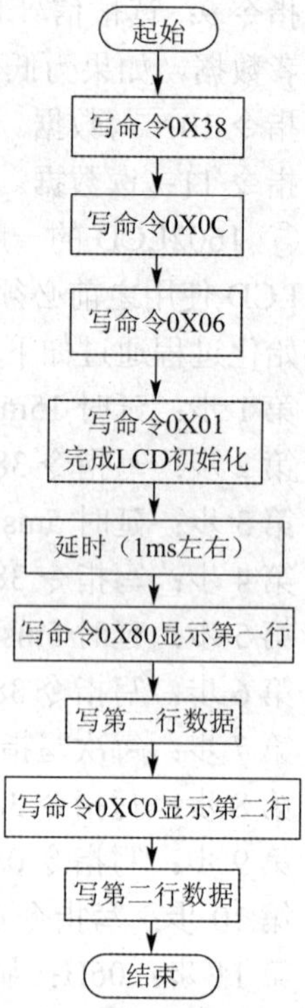

（3）软件代码

根据流程图，参考程序如下所示。

```c
#include <reg51.h>
sbit rs = P1^0;
sbit rw = P1^1;
sbit en = P1^2;
unsigned char dat1[] = "WVCSE SCC HC V-";      //第一行
unsigned char dat2[] = "1.0 LCD TEST OK";       //第二行
```

```
/*================================================

  Name:              Delay
  Description: 延时函数.        0.2ms

 ================================================*/
void Delay(unsigned char t)          // 0.2ms * t 仅供参考
{
    unsigned char time;
    do
    {
        time = 100;
        while(--time);
    }
    while(--t);
}
```

图 2-2-7　LCD 显示程序流程图

```
/*================================================

  Name:              Write_c
  Description: LCD 写命令函数.

 ================================================*/
void Write_c(unsigned char com)              //    写命令
{
    en = 0;
    rs = 1;
    rw = 1;
    rs = 0;
    rw = 0;
    P0 = com;
    en = 1;
    Delay(1);
    en = 0;
    rs = 1;
    rw = 1;
}
```

```
/*===============================================================
  Name:          Write_d
  Description: LCD 写入数据函数.
===============================================================*/
void Write_d(unsigned char dat)          //      写数据
{
    en = 0;
    rs = 0;
    rw = 1;
    rs = 1;
    rw = 0;
    P0 = dat;
    en = 1;
    Delay(1);
    en = 0;
    rs = 0;
    rw = 1;
}
/*===============================================================
  Name:          Lcd_Init
  Description: LCD 初始化函数.
===============================================================*/
void Lcd_Init()             //初始化设置 lcd，也可以严格按照典型初始化过
{                           //程进行初始化设置
    Write_c(0x38);
    Write_c(0x0c);
    Write_c(0x06);
    Write_c(0x01);
    Delay(6);               // 必要延时（3～6）
}


/*===============================================================
  Name:          Show
  Description: 显示函数.
===============================================================*/
void Show()
{
    unsigned char i;
    Write_c(0x80);                  //     显示第一行
    for(i=0;i<15;i++)
    {
        Write_d(dat1[i]);
    }
```

```
        Write_c(0xc0);              //     显示第二行
        for(i=0;i<15;i++)
        {
              Write_d(dat2[i]);
        }
    }


    /*================================================================

     Name:              main
     Description: 主函数.
     ================================================================*/

    void main()
    {
        Lcd_Init();
        Show();
        while(1);         //      程序终止
    }
    // ================================================================
    // *** END OF FILE ***
    // ================================================================
```

【巩固与拓展】

1. 拓展目标

（1）了解 1602 控制原理，掌握编程方法，能够熟练编写相关控制程序。

（2）完成 1602 与单片机硬件接口的设计、运行及调试。

2. 任务描述

编程实现在 1602LCD 第一行显示 WVCSE SCC HC V-，在第二行显示 1.0 LCD TEST OK，字符从右至左移屏显示。

3. 任务实施

（1）实施条件

① "教学做" 一体化教室。

② 电脑（安装有 Keil 软件、ISP 下载软件）、串口下载线或专用程序烧写器，作为程序的开发调试以及下载工具。

（2）安全提示

① 焊接电路时注意规范操作电烙铁，防止因为操作不当导致受伤。

② 上电前一定要进行电路检测，将桌面清理干净，防止桌面残留的焊锡、剪掉的元器件引脚引起电路板短路，特别是防止电源与地短路导致芯片损坏。

③ 上电后不能够用手随意触摸芯片，防止芯片受损。

④ 规范操作万用表、示波器等检测设备，防止因为操作不当损坏仪器。

（3）实施步骤

步骤一：硬件准备工作

准备好焊接所需的镊子、导线、电烙铁、相关电子元器件、焊接用的电路板，根据图 2-2-6 及图 2-1-19 所示焊接电路，利用万用表、示波器等设备对焊接的电路板进行调试，确保电路板焊接准确无误。

步骤二：编写程序

① 编写程序流程图。程序流程图如图 2-2-8 所示。

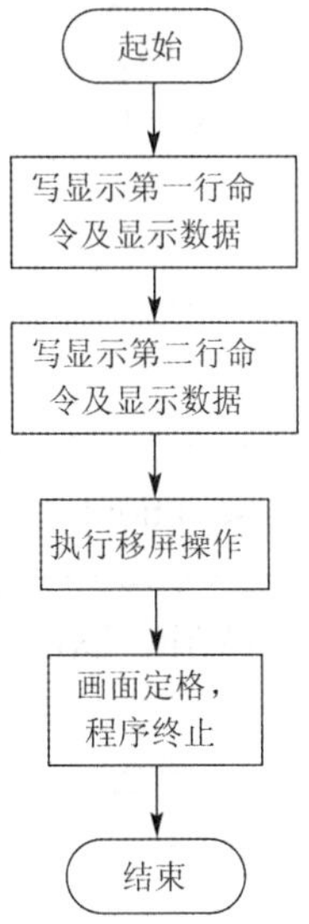

② 利用电脑在 Keil 开发环境下编程，参考程序如下所示。

```c
#include <reg51.h>
sbit rs = P1^0;
sbit rw = P1^1;
sbit en = P1^2;

unsigned char dat1[15] = "WVCSE SCC HC V-";   //第一行
unsigned char dat2[15] = "1.0 LCD TEST OK";    //第二行

/*=================================================================

Name:          Delay
Description: 延时函数.
=================================================================*/
void Delay(unsigned int t)              // 0.2ms * t 参考
{
    unsigned char time;
    do
    {
        time = 100;
        while(--time);
    }
    while(--t);
}

/*=================================================================

Name:           Write_C
Description: 写命令.
=================================================================*/
void Write_C(unsigned char com)         // 写命令
{
    en = 0;
    rw = 0;
    rs = 0;
    P0 = com;
    en = 1;
    Delay(2);
```

起始

写显示第一行命令及显示数据

写显示第二行命令及显示数据

执行移屏操作

画面定格，程序终止

结束

图 2-2-8　拓展项目程序流程图

```
        en = 0;
        rs = 1;
        rw = 1;

}
```

```
/*=====================================================
    Name:           Write_D
    Description: 写数据.
=====================================================*/
void Write_D(unsigned char dat)              //写数据
{
        en = 0;
        rw = 0;
        rs = 1;
        P0 = dat;
        en = 1;
        Delay(2);
        en = 0;
        rs = 0;
        rw = 1;
}
```

```
/*=====================================================
    Name:           Init
    Description: LCD 初始化函数.
=====================================================*/
void Init()                      //初始化
{
        Write_C(0x38);
        Write_C(0x0c);
        Write_C(0x06);
        Write_C(0x01);
        Delay(6);
}
```

```
/*=====================================================
    Name:           Show
    Description: 显示函数.
=====================================================*/
void Show()                          //显示
{
        unsigned char i;
```

```
        Write_C(0x90);                    //写第一行
        for(i=0;i<15;i++)
        {
            Write_D(dat1[i]);
            Delay(2);
        }
        Write_C(0xd0);                    //写第二行
        for(i=0;i<15;i++)
        {
            Write_D(dat2[i]);
            Delay(2);
        }
    }


/*================================================
  Name:              Move_Lcd
  Description: 移屏.
================================================*/
void Move_Lcd()                    //移屏
{
    unsigned char i;
    for(i=0;i<16;i++)
    {
        Write_C(0x18);
        Delay(1000);
    }
}


/*================================================
  Name:              main
  Description: 主函数.
================================================*/
void main()
{
    Init();
    Show();
    Move_Lcd();
    while(1);
}
// ================================================
// *** END OF FILE ***
// ================================================
```

步骤三：调试程序

根据任务控制要求，对编写好的程序进行调试，直至无误，生成.hex 文件。

步骤四：下载程序并运行

将编译好的.hex 文件利用串口下载线或者是专用烧写器存储到单片机内部 ROM 中，运行程序，观察现象是否跟预期一致。

4. 任务检查与评价

整个任务完成之后，检测一下完成的效果，具体的测评细则见表 2-2-6。

表 2-2-6 任务完成情况的测评细则

一级指标	比例	二级指标	比例	得分
电路板制作	30%	1. 元器件布局的合理性	5%	
		2. 布线的合理性、美观性	2%	
		3. 焊点的焊接质量	3%	
		4. 电路板的运行调试	20%	
程序设计及调试	40%	1. 开发软件的操作、参数的设置	2%	
		2. 控制程序具体设计	25%	
		3. 程序设计的规范性	3%	
		4. 程序的具体调试	10%	
通电实验	20%	1. 程序的下载	5%	
		2. 程序的运行情况，现象的正确性	15%	
职业素养与职业规范	10%	1. 材料利用效率，耗材的损耗	2%	
		2. 工具、仪器、仪表使用情况，操作规范性	5%	
		3. 团队分工协作情况	3%	
总计		100%		

【思考与练习】

1. 液晶显示器的特点有哪些？应用场合有哪些？
2. 单片机系统中，相对于传统的数码管显示，使用液晶显示有哪些优点？
3. 简述液晶显示的基本原理。

项目三 单片机通信接口技术

数据通信在单片机应用系统中应用非常普遍，如芯片与芯片之间的数据通信、设备与设备之间的数据通信，距离一般在数米或数十米之内（不加中继），而且大多采用串行通信方式。与并行通信相比，它具有线路节省的特点，而串行通信技术以往通信速率低的缺陷，随着技术的发展也得到了较大改善。

串行通信根据通信媒介可以分为有线通信方式与无线通信方式。常用的无线通信方式有无线红外通信（IrDA）、射频通信（RFID），比较适合传感、控制等领域的应用。常用的有线通信方式式 SPI 串行通信、I2C 串行通信、单总线通信（1-Wire），与传统的 UART/232 总线相比，通信方便，对通信双方设备一致性要求低，兼容性好，非常适合一些小型系统的应用。

每种通信方式都有相应的时序，分析时序图并完成代码的编写是单片机学习者的必修课。

学习单元一 红外通信接口技术

【学习目标】

1. 了解红外发射原理。
2. 了解红外接收解码原理。
3. 掌握利用单片机接收红外信号并解码的编程方法。

【预备知识】

一、红外通信技术概述

从光学的角度而言，红外光是频率低于红色光的不可见光，在无线光谱的整个频率中占有一个很小的频率段，波长为 0.75～100μm，其中 0.75～3μm 的红外光称为近红外，3～30μm 的红外光称为中红外，30～100μm 的红外光称为远红外。红外光就其性质而言很简单，与普通光线的频率特性没有很大的区别，但是，由于任何有热量的物体均有能量产生，所以红外的利用非常广泛，而且不可取代，能否检测红外、能测到多少红外或者红外检测的技术是否可以应用于任何自然的或想象的场合是红外应用技术的关键。

当今红外技术的一个重要分支是红外通信技术的应用，这个应用的发展非常迅速，尤其是红外通信应用于计算机设备中，近几年的发展已经表现出其非常成熟的特性。

无线遥控方式可分为无线电波式、声控式、超声波式和红外线式。由于无线电波式容易对其他电视机和无线电通讯设备造成干扰，而且，系统本身的抗干扰性能也很差，误动作多，所以未能大量使用。超声波式频带较窄，易受噪声干扰，系统抗干扰能力差，声控式识别正确率低，难度大，因而这两种技术均未能大量采用。红外遥控方式是以红外线作为载体来传送控制信息的，同时，随着电子技术的发展，单片机的出现，催生了数字编码方式的红外遥控系统的快速发展。红外遥控是目前使用最广泛的一种通信和遥控手段，利用近红外线来传送控制信号。由于红外线遥控装置具有体积小、功耗低、功能强、成本低等特点，因而，继彩电、录像机之后，在录音机、音响设备、空调机以及玩具等其他小型电器装置上也纷纷采用红外线遥控。工业设备中，在高压、辐射、有毒气体、粉尘等环境下，采用红外线遥控能有效地隔离电气干扰，可靠性高。

二、红外遥控系统简介

常用的红外遥控系统一般由红外遥控器、一体化红外接收器和解码单片机组成，如图3-1-1 所示。应用编/解码专用集成电路芯片来进行控制操作。红外遥控器主要由键盘矩阵、编码调制、LED 红外发送器构成，一体化红外接收器主要由光电转换放大器和解调电路构成，解调后的信号经单片机进行解码后，执行相关控制操作。

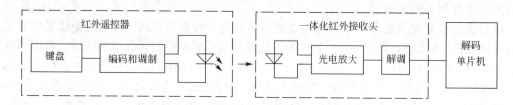

图 3-1-1　红外线遥控系统框图

红外遥控器的主要元件之一为红外发光二极管，它实际上是一只特殊的发光二极管，由于其内部材料不同于普通发光二极管，因而在其两端施加一定电压时，它发出的是红外线而不是可见光。目前大量使用的红外发光二极管发出的红外线波长为 940nm 左右。

1. 红外遥控器

遥控器的基本组成如图 3-1-2 所示。它主要由形成遥控信号的微处理器芯片、晶体振荡器、放大晶体管、红外发光二极管以及键盘矩阵组成。

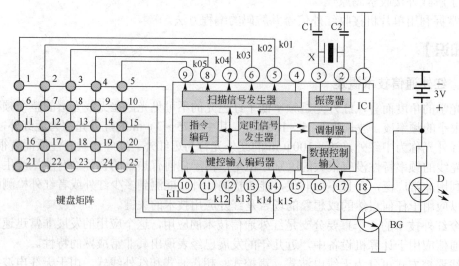

图 3-1-2　红外线遥控器结构图

微处理器芯片内部的振荡器通过 2、3 脚与外部的振荡晶体 X 组成一个高频振荡器，产生高频振荡信号。此信号送入定时信号发生器后进行分频，产生正弦信号和定时脉冲信号。正弦信号送入编码调制器作为载波信号，定时脉冲信号送至扫描信号发生器、键控输入编码器和指令编码器作为这些电路的时间标准信号。微处理器芯片内部的扫描信号发生器能产生5 种不同时间的扫描脉冲信号，由 5～9 脚输出送至键盘矩阵电路。当按下某一键时，该功能按键的控制信号分别由 10～14 脚输入到键控编码器，输出相应功能的数码信号，然后由指令编码器输出指令码信号，经过调制器调制在载波信号上，形成包含有功能信息的高频脉冲串，由 17 脚输出并经过晶体管 BG 放大，推动红外线发光二极管 D 发射出脉冲调制信号（注意，不同的红外遥控发射微处理器的引脚功能未必一样，每一款芯片的引脚功能应参阅相应的芯片数据手册）。

红外遥控器是一种非常容易买到且价格便宜的产品，种类很多，但它们都是配套某种特定电子产品的（如各种电视机、VCD、空调器等），由专用 CPU 解码，作为一般的单片机控制系统能直接使用。常用红外遥控器的外观如图 3-1-3 所示。

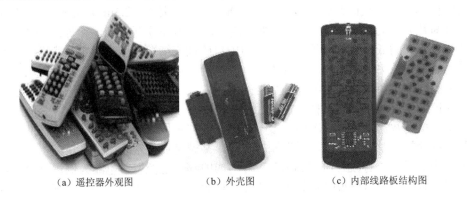

（a）遥控器外观图　　　　　　　（b）外壳图　　　　　　　（c）内部线路板结构图

图 3-1-3　常用红外遥控器外观图

2. 一体化红外接收器

红外遥控信号常采用一体化红外线接收器接收，一体化红外线接收器是一种集红外线接收和放大于一体的接收器，不需要任何外接元件就能完成从红外线接收到输出与 TTL 电平兼容信号的所有工作，一般对外只有三个引脚，即 V_{CC}、GND 及脉冲信号输出引脚 OUT，具有体积小巧、价格低廉、与单片机接口实现容易等特点，适合各种红外线遥控和红外线数据传输。常用的一体化红外接收器如图 3-1-4 所示。

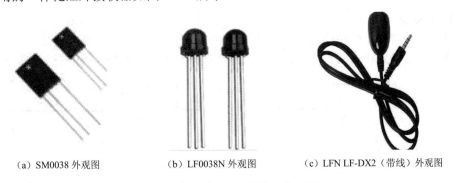

（a）SM0038 外观图　　　　　（b）LF0038N 外观图　　　　（c）LFN LF-DX2（带线）外观图

图 3-1-4　常用一体化红外接收器外观图

三、红外发送与解码原理

为了使信号更好的被传输，发射端将基带二进制信号调制为脉冲串信号，通过红外发射管发射，常用的有通过脉冲宽度来实现信号调制的脉宽调制（PWM）和通过脉冲串之间的时间间隔来实现信号调制的脉时调制（PPM）两种方法。

在同一个遥控电路中通常需要实现不同的遥控功能或能够区分不同的机器类型，这就要求信号按照一定的编码传送，编码由编码芯片完成，我们需要了解所使用的编码芯片到底是如何编码的，只有知道编码方式，才可以使用单片机进行解码。

1. 遥控信号编码

不同公司的遥控芯片，采用的遥控码格式未必一样，但均有共同之处，即数据格式都是由"引导码+用户码+用户码（或用户反码）+数据码+数据反码"组成。数据位'0'和位'1'的定义相同。不同之处在于引导码高低电平持续时间不同、用户码位数有长有短以及当某按键被长时间按下时发射的数据不一样。

常用的红外遥控发射器遵循 NEC 标准，即遥控载波的频率为 37.91kHz（占空比为 1:3）。当某个按键被按下时，系统首先发射一个完整的全码，如果键按下超过 108ms 仍未松开，接下来发射的代码（连发代码）将仅由引导码（9ms）和结束码（2.5ms）组成。 一个完整的全码=引导码+用户码+用户码+数据码+数据反码，共 32 位。引导码由一个连续的 4.5ms 的高电平脉冲与 4.5ms 的低电平脉冲组成，八位的用户码被连续发送两次（实际应用中，有的红外遥控发射器设置成第二次发送用户反码），八位的数据码也被连续发送两次，第一次发送的是键数据的原码，第二次发送的是键数据的反码。其中前 16 位为用户识别码，能区别不同的红外遥控设备，防止不同机种遥控码互相干扰。后 16 位为 8 位的操作码和 8 位的操作反码，用于核对数据是否接收准确。接收端根据数据码做出应该执行什么动作的判断。连发代码是在持续按键时发送的码，它告知接收端，某键是在被连续地按着。

本书以华芯微电子有限公司 HS9012 芯片组成的红外遥控发射电路为例进行讲解，其信号编码如图 3-1-5 所示。HS9012 的发射码采用脉时调制方式（PPM）来进行编码，这样的编码方式效率高，抗干扰性能好。至于用户码与数据码具体是怎样产生，限于篇幅，本书不做详细介绍，读者可参阅 HS9012 数据手册。

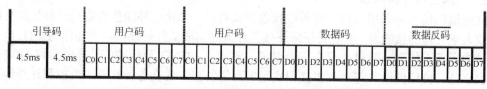

图 3-1-5　遥控信号编码波形图

2. 数据位定义

用户码或者数据码中的每一个位可以是位'1'，也可以是位'0'。采用脉冲的时间间隔来区分'0'和'1'。这种编码方式称为脉冲位置调制方式，英文缩写为 PPM。位定义如图 3-1-6 所示。

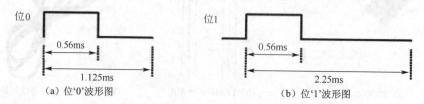

图 3-1-6　位定义图

以脉宽为 0.56ms，间隔 0.565ms，周期为 1.125ms 的组合表示二进制的'0'。以脉宽为 0.56ms，间隔 1.69ms，周期为 2.25ms 的组合表示二进制的'1'，即发射码'0'表示发射 37.91kHz 的红外线 0.56ms，然后停止发射 0.565ms，发射码'1'表示发射 37.91kHz 的红外线 0.56ms，然后停止发射 1.69ms。

3. 遥控信号解码原理

当一体化红外接收器接收到 37.91kHz 红外信号时，输出端输出低电平，否则为高电平。所以一体化接收头输出的波形与遥控发射器发射波形反向。

解码的关键是如何识别引导码以及位'0'和位'1'。从位定义可以发现，一体化接收头接收红外数据后，在其输出端中，位'0'与位'1'均以 0.56ms 的低电平开始，不同的是高电平的宽度不同，位'0'为 0.565ms,位'1'为 1.69ms,所以必须根据高电平的宽度区别位'0'和位'1'。

一般在具体应用时，一体化红外接收器输出端引脚与单片机外部中断引脚相连，通过中断方式接收红外信号。为了可靠起见，具体编程时，当检测到相邻的两次中断之间间隔大于 8ms 时，即可确认前一次中断由引导码引起。当检测到相邻的两次中断之间间隔时间大于（1.125ms+0.56ms）=1.685ms（一般取 1.75ms）时,确定接收到的数据为位'1'，否则认为接收到的数据位为'0'。

4. SM0038 一体化红外接收器简介

SM0038 是一种用于红外遥控接收或其他方面的小型一体化接收器,中心频率为 37.91kHz,可改善自然光的反射干扰。独立的 PIN 二极管同前置放大器集成在同一封装上。

SM0038 环氧树脂封装提供一个特殊的红外滤光器，在抗自然光的干扰方面有极好的性能,可防止无用脉冲输出。

SM0038 具有如下特性。

（1）光电检测和前置放大器集成在同一封装上。

（2）内带 PCM 频率滤波器。

（3）对于自然光有较强的抗干扰性。

（4）改进了对电场干扰的防护性。

（5）电源电压 5V，低功耗。

（6）输出电平兼容 TTL 与 CMOS。

SM0038 内部结构图如图 3-1-7 所示。

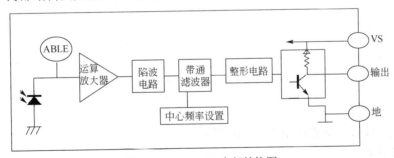

图 3-1-7 SM0038 内部结构图

SM0038 工作及焊接相关技术参数如表 3-1-1 所示。

表 3-1-1 SM0038 技术参数

参数	符号	数值范围	单位	备注
电源电压	V_{CC}	5	V	
工作温度	Topr	−25 ~ +70	℃	
储存温度	Tstg	−40~ +100	℃	
焊接温度	Tsd	260	℃	最长时间为 5s

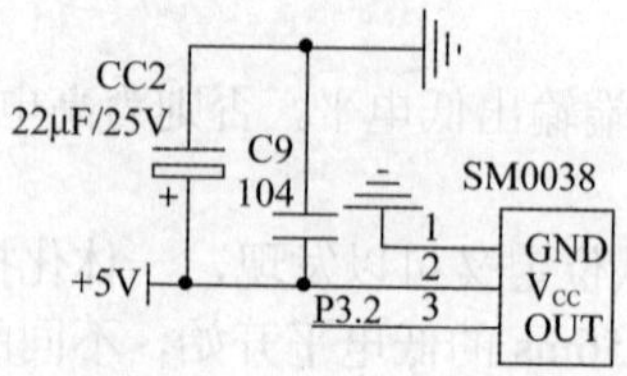

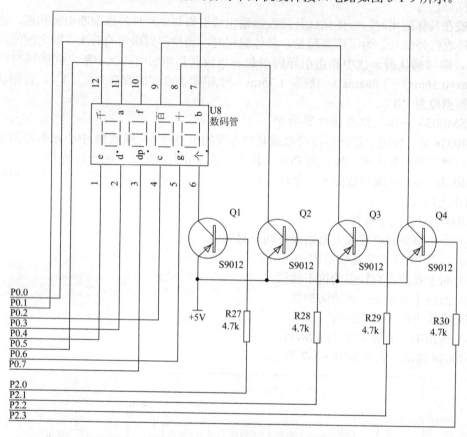

图 3-1-8 SM0038 与单片机硬件接口图

【应用案例】

编程实现对红外发射遥控器解码，并在四位一体共阳数码管上显示数据码和数据反码。

（1）硬件原理图

本例采用一体化红外接收器 SM0038 作为接收器，其与单片机硬件接口电路如图 3-1-8 所示。四位一体共阳数码管与单片机硬件接口电路如图 3-1-9 所示。

图 3-1-9 数码管显示电路原理图

（2）程序流程图

红外解码程序设计流程图如图 3-1-10 所示。

（3）软件代码

根据流程图，参考程序如下所示。

```c
#include <reg51.h>
sbit P23 = P2^3;
sbit P22 = P2^2;
sbit P21 = P2^1;
sbit P20 = P2^0;

#define one {P0=0xff;P23=0;P22=1;P21=1;P20=1;}//数码管位选函数
```

```
#define two {P0=0xff;P23=1;P22=0;P21=1;P20=1;}
#define thr {P0=0xff;P23=1;P22=1;P21=0;P20=1;}
#define fou {P0=0xff;P23=1;P22=1;P21=1;P20=0;}

bit r = 0;          //红外引导码判断
bit true = 0;       //红外数据起始位判断
bit re = 0;         //红外数据接收完成标志位
unsigned char s = 0;      //时间采样控制
unsigned char x = 0;      //采样数据数组索引值
```

unsigned char data smg[16]={0xc0,0xf9,0xa4,0xb0,0x99, 0x92,0x82,

0xf8,0x80,0x90,0x88,0x83,0xc6,0xa1,0x86,0x8e};// 数码管显示 0~F

//字形码

unsigned char data shuju[4];   //存放要显示的红外数据,shuju[0]

//为用户码,shuju[1]为用户码/用户反//码,shuju[2]为数据码,shuju[3]为//数据反码。

unsigned char times[33];   //存放相邻中断间定时器中断次数

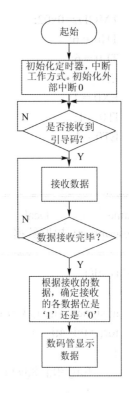

图 3-1-10　红外解码程序设计流程图

```
/*===========================================
 Name:          Delay
 Description: 延时函数.   0.2 ms
===========================================*/
void Delay(unsigned char t)                    //     0.2ms * t    仅供参考
{
    unsigned char time;
    do
    {
        time = 100;
        while(--time);
    }
    while(--t);
}


/*===========================================
 Name:          Init
 Description: 定时器、中断等初始化.
===========================================*/
void Init()
{
```

```
        TMOD = 0x02;
        TH0 = 6;
        TL0 = 6;
        EA   = 1;
        EX0 = 1;
        IT0 = 1;
        ET0 = 1;
}
```

```
/*===============================================
  Name:          Deal
  Description:  提取数据.
  ===============================================*/
void Deal()                        //          处理数据
{
        unsigned char i,j,k=1,dat;
        for(i=0;i<4;i++)
        {
                for(j=0;j<8;j++)
                {
                        dat >>= 1;
                        if(times[k]>=7)
                                dat |= 0x80;
                        k++;
                }
                shuju[i] = dat;
        }
}
```

```
/*===============================================
  Name:          Show
  Description:  数码管显示函数.
  ===============================================*/
void Show()
{
        one     P0=smg[shuju[2]/16];        //个位 16 进制显示数据码高 4 位
        delay(21);
        two     P0=smg[shuju[2]%16];        //十位 16 进制显示数据码低 4 位

        delay(21);
        thr     P0=smg[shuju[3]/16];        //百位 16 进制显示数据反码高 4 位
        delay(21);
        fou     P0=smg[shuju[3]%16];        //千位 16 进制显示数据反码低 4 位
```

```
        delay(21);
}


/*================================================
 Name:           Cycle
 Description: 循环执行.
 ================================================*/
void Cycle()
{
    while(1)
    {
        if(re)
        {
            re = 0;
            Deal();
        }
        Show();
    }
}


/*================================================
 Name:            main
 Description: 主函数.
 ================================================*/
void main()                        //     主函数
{
    Init();
    Cycle();
}


/*================================================
 Name:           HW_Isr
 Description: 外部中断 0 服务程序.
 ================================================*/
void HW_Isr()interrupt 0          //        外部中断 0
{
    if(r==1)
    {
        if(s>33)                   //        判断引导码
        {
            x = 0;
            true = 1;
        }
    }
```

```
        if(true)
        {
            times[x] = s;
            s = 0;
            x++;
            if(x==33)
            {
                x = 0;
                TR0 = 0;
                r = 0;
                true = 0;
                re = 1;
            }
        }

    }
    else
    {
        r = 1;
        TR0 = 1;
    }
}


/*================================================================
 Name:          T0_Isr
 Description: 定时器中断服务程序.
========================================================================*/
void T0_Isr()interrupt 1                //        T0 中断
{
    s++;
    if(s/255)        //      防溢出
        s = 0;
}
// ==============================================================
// *** END OF FILE ***
// ==============================================================
```

【巩固与拓展】

1. 拓展目标

（1）了解红外遥控发射数据编码原理、点阵显示控制方法。

（2）掌握一体化红外接收器接收红外遥控信号并用单片机软件解码方法，能够熟练编写解码程序。

（3）完成 SM0038 与单片机硬件接口的设计、运行及调试。

2. 任务描述

任务一：编程实现遥控控制流水灯与蜂鸣器。要求以时间间隔为 1s 实现流水灯，同时四位一体数码管显示数据码和数据反码。

任务二：利用红外遥控器控制点阵移动显示字符"hello，51 单片机"。

3. 任务实施

（1）实施条件

① "教学做"一体化教室。

② 电脑（安装有 Keil 软件、ISP 下载软件）、串口下载线或专用程序烧写器，作为程序的开发调试以及下载工具。

（2）安全提示

① 焊接电路时注意规范操作电烙铁，防止因为操作不当导致受伤。发光二极管焊接温度不要超过 260℃，焊接单个引脚持续时间不要超过 5s。

② 上电前一定要进行电路检测，将桌面清理干净，防止桌面残留的焊锡、剪掉的元器件引脚引起电路板短路，特别是防止电源与地短路导致芯片损坏。

③ 上电后不能够用手随意触摸芯片，防止芯片受损。

④ 规范操作万用表、示波器等检测设备，防止因为操作不当损坏仪器。

（3）实施步骤

步骤一：硬件准备工作

准备好焊接所需的镊子、导线、电烙铁、相关电子元器件、焊接用的电路板，根据图 3-1-8、图 3-1-9、流水灯原理图（图 3-1-11）、蜂鸣器控制原理图（图 3-1-12）以及图 2-1-19 所示焊接电路，利用万用表、示波器等设备对焊接的电路板进行调试，确保电路板焊接准确无误。

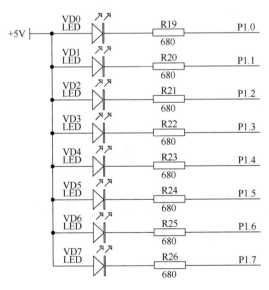
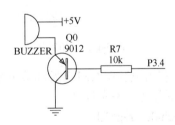

图 3-1-11　流水灯原理图　　　　　图 3-1-12　蜂鸣器控制原理图

步骤二：编写程序

① 编写程序流程图。拓展任务一程序流程图参见图 3-1-13，拓展任务二程序流程图参见图 3-1-14。

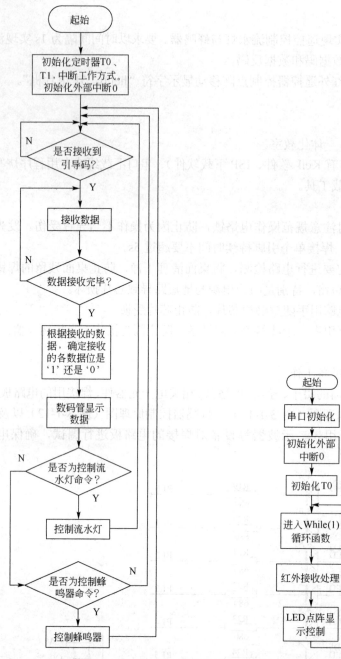

图 3-1-13 拓展任务一程序流程图　　　图 3-1-14 拓展任务二程序流程图

② 利用电脑在 Keil 开发环境下编程，参考程序如下所示。

拓展任务一参考程序：

```
#include <reg51.h>
#include <intrins.h>
sbit wave = P3^4;
sbit P23 = P2^3;
sbit P22 = P2^2;
sbit P21 = P2^1;
```

```
sbit P20 = P2^0;

#define one {P0=0xff;P23=0;P22=1;P21=1;P20=1;}
#define two {P0=0xff;P23=1;P22=0;P21=1;P20=1;}
#define thr {P0=0xff;P23=1;P22=1;P21=0;P20=1;}
#define fou {P0=0xff;P23=1;P22=1;P21=1;P20=0;}
#define cls {P0=0xff;P23=1;P22=1;P21=1;P20=1;} //关闭数码管位选函数

bit re = 0;                 //接收完成标志位
bit r  = 0;                 //开始接收标志位

unsigned char s=0;          //计数值
unsigned char x=0;          //计数值
unsigned char y=0;          //计数值
unsigned char times[33];    //统计次数数据
unsigned char data dat[4];  //红外数据
unsigned char data smg[16]={0xc0,0xf9,0xa4,0xb0,0x99,0x92,0x82,0xf8,
0x80,0x90,0x88,0x83,0xc6,0xa1,0x86,0x8e};

/*====================================================================
  Name:       Init_Ex0
  Description: 初始化外部中断 0.
======================================================================*/
void Init_Ex0()
{
    EA = 1;
    EX0=1;
    IT0=1;
}

/*====================================================================
  Name:       Init_T0
  Description: 初始化 T0.
======================================================================*/
void Init_T0()
{
    TMOD=0x12;       //同时设置 T0 与 T1 工作方式
    TH0 = 6;
    TL0 = 6;
    ET0 = 1;
    TR0 = 1;
}
```

```
/*=================================================
    Name:       Init_T1
    Description: 初始化 T1.
=================================================*/
void Init_T1()
{
    TH1=(65536-50000)/256;
    TL1=(65536-50000)%256;
    ET1=1;
    P1 = 0xff;        //灭灯
}


/*=================================================
    Name:       Delay
    Description: 延时函数.
=================================================*/
void Delay(unsigned char t)        //0.2ms * t 参考
{
    unsigned char time;
    do
    {
        time = 100;
        while(--time);
    }
    while(--t);
}


/*=================================================
    Name:       Show
    Description: 显示函数. 显示数据码及数据反码
=================================================*/
void Show()
{
    one     P0 = smg[dat[2]/16];          //数据码
    Delay(21);
    two     P0 = smg[dat[2]%16];
    Delay(21);
    thr     P0 = smg[dat[3]/16];          //数据反码
    Delay(21);
    fou     P0 = smg[dat[3]%16];
    Delay(21);
    cls                                    //关闭位选
}
```

```
/*================================================
  Name:        Led_On
  Description: 打开 led 灯.
================================================*/
void Led_On()
{
    if(TR1==0)
    {
        TR1 = 1;                        //启动 T1
    }
}


/*================================================
  Name:        Led_Off
  Description: 关闭 led 灯.
================================================*/
void Led_Off()
{
    if(TR1==1)
    {
        TR1=0;                          //关闭 T1
        P1 = 0xff;
    }
}


/*================================================
  Name:        Wave_On
  Description: 打开蜂鸣器.
================================================*/
void Wave_On()
{
    if(wave==1)
    {
        wave = 0;
    }
}


/*================================================
  Name:        Wave_Off
  Description: 关闭蜂鸣器.
================================================*/
void Wave_Off()
```

```
{
    if(wave==0)
    {
        wave=1;
    }
}
```

```
/*=========================================================
 Name:        Receive
 Description: 接收处理函数.
=========================================================*/
void Receive()
{
    unsigned char i,j,k=1,date;
    for(i=0;i<4;i++)
    {
        for(j=0;j<8;j++)
        {
            date>>=1;
            if(times[k]>7)
                date|=0x80;          //先接收低位
            k++;
        }
        dat[i]=date;
    }
}
```

```
/*=========================================================
 Name:        Deal
 Description: 逻辑处理函数.
=========================================================*/
void Deal()
{
    if(y/20)                        //1s
    {
        y=0;
        if(P1==0xff)                //判断
        {
            P1=0xfe;
        }
        else
        {
            P1=_crol_(P1,1);    //1s 流水一次
```

```
            }
        }
        switch(dat[2])                        //遥控选项
        {
            case    0x0e:  Led_On();break;
            case    0x1a:  Led_Off();break;
            case    0x0a:  Wave_On();break;
            case    0x1e:  Wave_Off();break;
            default: break;
        }
        if(re)                                //判断是否接收完成
        {
            re=0;
            Receive();
        }
}
```

```
/*=============================================================
  Name:        Cycle
  Description: 循环执行.
==============================================================*/
void Cycle()
{
    while(1)
    {
        Deal();
        Show();
    }
}
```

```
/*=============================================================
  Name:        main
  Description: 主函数.
==============================================================*/
void main()
{
    Init_Ex0();
    Init_T0();
    Init_T1();
    Cycle();
}
```

```
/*=============================================================
```

```
      Name:        Ex0_Isr
      Description: 外部中断 0 服务函数.
===============================================================*/

void Ex0_Isr()interrupt 0
{
    if(r)
    {
        if(x>33)              //判断引导码
        {
            s=0;
        }
        times[s]=x;
        x=0;
        s++;
        if(s==33)
        {
            s=0;
            re=1;
        }
    }
    else
    {
        r=1;
        x=0;
    }
}


/*===============================================================
   Name:        T0_Isr
   Description: T0 中断服务函数.
===============================================================*/
void T0_Isr()interrupt 1
{
    x++;
    if(x/255)                //防溢出
        x=0;
}

/*===============================================================
   Name:        T1_Isr
   Description: T1 中断服务函数.
===============================================================*/
void T1_Isr()interrupt 3
```

```
{
    y++;
    TH1 = (65536-50000)/256;
    TL1 = (65536-50000)%256;
}
// ====================================================
// *** END OF FILE ***
// ====================================================
```

拓展任务二参考程序:

```
#include <reg51.h>
bit r   = 0;                //红外开始接收标志位
bit re = 0;                 //红外接收完成标志位
bit yp = 0;                 //点阵移动标志位
unsigned char s=0;          //变量
unsigned char x=0;          //变量
unsigned char y=0;          //变量
unsigned char n=0;          //变量
unsigned char times[33];    //统计次数
unsigned char data dat[4];  //红外数据
unsigned char data
sel[16]={0x40,0x41,0x42,0x43,0x44,0x45,0x46,0x47,0x80,0x88,0x90,
0x98,0xa0,0xa8,0xb0,0xb8};  //行选

unsigned char code dat[]={
0xff,0xff,0xff,0xff,0xff,0xff,0xff,0xff,0xff,0xff,0xff,0xff,0xff,0xff,0xff,0xff,
0xff,0xff,0xff,0xff,0xff,0xff,0xff,0xff,0xff,0xff,0xff,0xff,0xff,0xff,0xff,0xff,

0xFF,0xFF,0xFF,0xFF,0x8A,0x95,0xAA,0xD5,0xAA,0x91,0xAA,0xD5,0x8A,0x95,0xFF,0xFF,
0xFF,0xFF,0xFB,0x8F,0xF9,0xEF,0xFB,0x8F,0xFB,0xBF,0xFB,0x8F,0xFF,0xFF,0xFF,0xFF,
//hello 51

0xff,0xff,0xff,0xff,0xff,0xff,

0xF7,0xF7,0xFB,0xEF,0xFD,0xDF,0xE0,0x03,0xEF,0x7B,0xEF,0x7B,0xE0,0x03,0xEF,0x7B,
0xEF,0x7B,0xE0,0x03,0xFF,0x7F,0xFF,0x7F,0x80,0x00,0xFF,0x7F,0xFF,0x7F,0xFF,0x7F,
//单

0xff,0xff,0xff,0xff,0xff,0xff,

0xFD,0xFF,0xFD,0xF7,0xFD,0xF7,0xFD,0xF7,0xFD,0xF7,0xC0,0x07,0xFF,0xF7,0xFF,0xF7,
0xFF,0xF7,0xF8,0x07,0xFB,0xF7,0xFB,0xF7,0xFB,0xF7,0xFB,0xFB,0xFB,0xFB,0xFB,0xFD,
//片

0xff,0xff,0xff,0xff,0xff,0xff,
```

0xFF,0xF7,0xF0,0x77,0xF7,0x77,0xF7,0x77,0xF7,0x40,0xF7,0x77,0xF7,0x73,0xF7,0x63,
0xF7,0x55,0xF7,0x55,0xF7,0x76,0xB7,0x77,0xB7,0x77,0xB7,0xB7,0x8F,0xB7,0xFF,0xD7,
//机

0xff,0xff,0xff,0xff,0xff,0xff,0xff,0xff,0xff,0xff,0xff,0xff,0xff,0xff,0xff,0xff,
0xff,0xff,0xff,0xff,0xff,0xff,0xff,0xff,0xff,0xff,0xff,0xff,0xff,0xff,0xff,0xff};

```
/*==================================================
    Name:           Init_Uart
    Description:    初始化串口.
==================================================*/
void Init_Uart()              //初始化串口
{
    SCON=0x00;
}


/*==================================================
    Name:       Init_Ex0
    Description: 初始化外部中断 0.
==================================================*/
void Init_Ex0()              //初始化外部中断 0
{
    EA=1;
    EX0=1;
    IT0=1;
}


/*==================================================
    Name:       Init_T0
    Description: 初始化 T0.
==================================================*/
void Init_T0()              //初始化 T0
{
    TMOD=0x12;
    TH0=6;
    TL0=6;
    ET0=1;
    TR0=1;
}


/*==================================================
```

```
Name:            Init_T1
Description:      初始化 T1.
===========================================================*/

void Init_T1()                      //初始化 T1
{
    TH1=(65536-40000)/256;
    TL1=(65536-40000)%256;
    ET1=1;
}


/*==========================================================
Name:            Delay
Description:      延时函数.
===========================================================*/

void Delay(unsigned char t)         //0.2ms * t 参考
{
    unsigned char time;
    do
    {
        time=100;
        while(--time);
    }
    while(--t);
}
/*==========================================================
Name:            Send
Description:      发送数据.
===========================================================*/

void Send(unsigned char dat)        //发送数据
{
    SBUF=dat;
    while(!TI);
    TI=0;
}


/*==========================================================
Name:            Show
Description:      点阵显示.
===========================================================*/

void Show()                         //点阵显示
{
    unsigned char i,j=32;
    if(!yp)                         //点整静态显示选项
```

```
        {
            n=j;
        }
    for(i=0;i<16;i++)
        {
            P1=sel[i];                    //选行
            Send(dz[n]);                  //送数据
            Send(dz[n+1]);
            Delay(8);
            n+=2;
        }
    }
```

```
/*================================================
    Name:          Recieve
    Description: 红外接收处理函数.
  ================================================*/
void Recieve()                          //红外接收处理
{
    unsigned char i;
    unsigned char j;
    unsigned char k=1;
    unsigned char date;
    for(i=0;i<4;i++)
        {
            for(j=0;j<8;j++)
                {
                    date>>=1;
                    if(times[k]>7)
                        date|=0x80;
                    k++;
                }
            dat[i]=date;
        }
}
```

```
/*================================================
    Name:          Move_On
    Description: 点阵移动 开.
  ================================================*/
void Move_On()                  //点阵移动 开
{
    if(TR1==0)
```

```
    {
        TR1=1;
        yp=1;
    }
}


/*===============================================
  Name:          Move_Off
  Description:    点阵移动 关.
===============================================*/
void Move_Off()                 //点阵移动 关
{
    if(TR1==1)
    {
        TR1=0;
        yp=0;
    }
}


/*===============================================
  Name:          Deal
  Description: 逻辑处理函数.
===============================================*/
void Deal()                     //
{
    switch(dat[2])              //遥控选项
    {
        case 0x0a:   Move_On();break;      //开移动
        case 0x1e:   Move_Off();break;     //关移动
        default :break;
    }
    if(y==180)                  //判断是否是最后一屏
    {
        y=0;
    }
    if(!(y%2))                  //每两次中断移动一行
    {
        n=y;
        Show();
    }
    if(!yp)                     //不移屏时静态显示
    {
        Show();
```

```
    }
    if(re)                          //判断红外是否接收完毕
    {
        re=0;
        Recieve();
    }
}
```

```
/*===============================================================
 Name:          Cycle
 Description:   循环执行.
===============================================================*/
void Cycle()
{
    while(1)
    {
        Deal();
    }
}
```

```
/*===============================================================
 Name:          main
 Description:   主函数.
===============================================================*/
void main()
{
    Init_Uart();
    Init_Ex0();
    Init_T0();
    Init_T1();
    Cycle();
}
```

```
/*===============================================================
 Name:          Ex0_Isr
 Description:   外部中断 0 服务函数.
===============================================================*/
void Ex0_Isr()interrupt 0
{
    if(r)
    {
        if(x>33)                    //判断引导码
        {
```

```
                s=0;
            }
        times[s]=x;
        x=0;
        s++;
        if(s==33)              //接收完成
            {
                s=0;
                re=1;
            }
        }
        else
        {
            r=1;
            x=0;
        }
    }
}
```

```
/*===============================================================
  Name:       T0_Isr
  Description: 定时器 T0 中断服务程序.
================================================================*/
void T0_Isr()interrupt 1
{
    x++;
    if(x/255)                  //防溢出
        x=0;
}
```

```
/*===============================================================
  Name:        T1_Isr
  Description:   定时器 T1 中断服务程序.
================================================================*/
void T1_Isr()interrupt 3
{
    y++;
    TH1 = (65536-40000)/256;
    TL1 = (65536-40000)%256;
}
```

```
// ===============================================================
// *** END OF FILE ***
// ===============================================================
```

步骤三：调试程序

根据任务控制要求，对编写好的程序进行调试，直至无误，生成.hex文件。

步骤四：下载程序并运行

将编译好的.hex文件利用串口下载线或者是专用烧写器存储到单片机内部ROM中，运行程序，观察现象是否跟预期一致。

4. 任务检查与评价

整个任务完成之后，检测一下完成的效果，具体的测评细则见表3-1-2所示。

表3-1-2 任务完成情况的测评细则

一级指标	比例	二级指标	比例	得分
电路板制作	30%	1. 元器件布局的合理性	5%	
		2. 布线的合理性、美观性	2%	
		3. 焊点的焊接质量	3%	
		4. 电路板的运行调试	20%	
程序设计及调试	40%	1. 开发软件的操作、参数的设置	2%	
		2. 控制程序具体设计	25%	
		3. 程序设计的规范性	3%	
		4. 程序的具体调试	10%	
通电实验	20%	1. 程序的下载	5%	
		2. 程序的运行情况，现象的正确性	15%	
职业素养与职业规范	10%	1. 材料利用效率，耗材的损耗	2%	
		2. 工具、仪器、仪表使用情况，操作规范性	5%	
		3. 团队分工协作情况	3%	
总计		100%		

【思考与练习】

1. 红外传输的特点有哪些？应用场合有哪些？

2. 单片机应用系统中，相对于各种无线传输模式，使用红外传输有哪些优点？

3. 简述红外遥控发射器编码的基本原理。

4. 简述红外遥控信号软件解码基本步骤与具体实现方法。

学习单元二　SPI 总线接口技术

【学习目标】

1. 了解 SPI 串行总线特点、工作方式。
2. 了解采用 SPI 通信的器件使用的一般方法。
3. 了解 DS1302 的工作原理以及与单片机接口方式。
4. 掌握单片机采用 SPI 通信程序设计。

【预备知识】

一、SPI 总线简介

串行外围设备接口（serial peripheral interface，SPI）总线技术是 Motorola 公司推出的一种同步串行接口，SPI 接口主要应用在 E2PROM、FLASH、实时时钟、AD 转换器、数字信号处理器与数字信号解码器之间。SPI 是一种高速的全双工/半双工同步通信总线，利用时钟线对数据位进行同步，时钟的上升沿/下降沿锁存数据，能够实现一主多从的连接模式，SPI 主机提供时钟、发起对从设备的读或者写操作，从机被动地响应主机的读写数据请求。目前越来越多的芯片集成了这种通信协议，SPI 有两种类型，分别是四线制 SPI 与三线制 SPI。

四线制 SPI 用于 CPU 与各种外围器件进行全双工、同步串行通信。SPI 主设备与 SPI 从设备之间数据收发可以同时进行。四线制 SPI 主从设备之间通信需要以下四条控制线。

SCK：串行时钟线

MISO：主机输入/从机输出数据线

MOSI：主机输出/从机输入数据线

$\overline{CS}$：从机选择线，低电平有效

当 SPI 工作时，在移位寄存器中的数据逐位从输出引脚（MOSI）输出（高位在前），同时从输入引脚（MISO）接收的数据逐位移到移位寄存器（高位在前）。发送一个字节后，从另一个外围器件接收的字节数据进入移位寄存器中，即完成一个字节数据传输的实质是两个器件寄存器内容的交换。主 SPI 的时钟信号（SCK）使传输同步。其典型系统框图如图 3-2-1 所示。

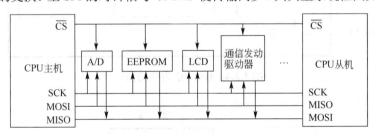

图 3-2-1　四线制 SPI 总线典型系统框图

三线制 SPI 用于 CPU 与各种外围器件进行半双工、同步串行通信，SPI 主设备与 SPI 从设备之间只能分时收发数据。三条控制线如下所示。

CS：从机选择线，高电平有效。

SCK：串行时钟线。

DIO：数据通信线。

三线制 SPI 主设备与从设备通信框图如图 3-2-2 所示。

四线制 SPI 与三线制 SPI 在工作时序上的区别如下。

四线制 SPI 通信中，低电平使能从机，时钟信号上升沿锁存数据，先发送数据最高位。

三线制 SPI 通信中，高电平使能从机，写数据时钟信号上升沿锁存，读数据时钟信号下降沿锁存，先发送数据最低位。

二、DS1302 简介

DS1302 是美国 DALLAS 公司推出的一种高性能、低功耗、带 RAM 的实时时钟电路，采用三线制 SPI 与 CPU 接口进行同步通信，并可采用突发方式一次传送多个字节的时钟信号或 RAM 数据，广泛应用于电话传真、便携式仪器以及电池供电的仪器仪表等产品领域。

DS1302 内含一个附加 31 字节静态 RAM 的实时时钟/日历，根据具体需求，时钟可编程设置工作在 24 小时制或 12 小时制。DS1302 与单片机之间能简单地采用同步串行的方式进行通信，仅需用到三个 I/O 口线，工作时功耗很低，保持数据和时钟信息时功率小于 1mW，其引脚定义如图 3-2-3 所示，内部结构如图 3-2-4 所示，典型工作电路如图 3-2-5 所示，引脚功能说明如表 3-2-1 所示。

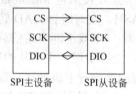

图 3-2-2 三线制 SPI 主设备与从设备通信框图　　图 3-2-3 DS1302 引脚定义

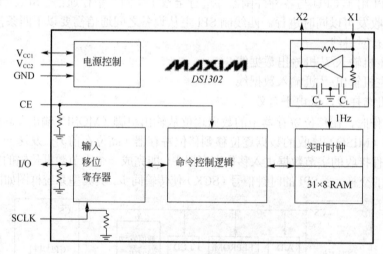

图 3-2-4 DS1302 内部结构图

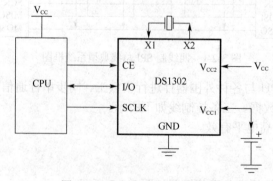

图 3-2-5 DS1302 典型工作电路

表 3-2-1 DS1302 引脚功能表

管脚	名称	功 能 说 明
1	V_{CC2}	双供电配置中的主电源供应引脚，V_{CC1} 连接到备用电源，在主电源失效时保持时间和日期数据。DS1302 工作于 V_{CC1} 和 V_{CC2} 中较大者。当 V_{CC2} 比 V_{CC1} 高 0.2V 时，V_{CC2} 给 DS1302 供电。当 V_{CC1} 比 V_{CC2} 高时，V_{CC1} 给 DS1302 供电
2	X1	与标准的 32.768kHz 石英晶体相连。内部振荡器被设计与指定的 6pF 装载电容的晶体一起工作。DS1302
3	X2	也可以被外部的 32.768kHz 振荡器驱动，这种配置下，X1 与外部震荡信号连接，X2 悬浮
4	GND	电源地
5	CE	芯片选通使能引脚。CE 信号在读写时必须保持高电平，此引脚内部有一个 40kΩ（典型值）的下拉电阻连接到地。注意，有些数据手册把 CE 当作 RST，引脚的功能没有改变
6	I/O	输入/推挽输出。I/O 引脚是三态双向数据引脚，此引脚内部有一个 40kΩ（典型值）的下拉电阻连接到地
7	SCLK	同步时钟信号输入引脚。SCLK 用来同步串行接口上的数据动作，此引脚内部有一个 40kΩ（典型值）的下拉电阻连接到地
8	V_{CC1}	低功率工作在单电源、电池工作系统及低功率备用电池。在使用涓流充电的系统中，这个引脚连接到可再充能量源。UL 认证在使用锂电池时确保避免反向充电电流

1. DS1302 主要特性

DS1302 的主要特性有如下几条。

（1）实时时钟计算年、月、日、时、分、秒、星期，直到 2100 年，并有闰年调节功能。

（2）31×8 位通用暂存 RAM。

（3）串行输入输出使引脚数最少。

（4）2.0～5.5V 宽电压范围操作。

（5）在 2.0V 时工作电流小于 300nA。

（6）读写时钟或 RAM 数据时有单字节或多字节（脉冲串模式）数据传送方式。

（7）8 引脚 DIP 封装或可选的 8 引脚表面安装 SO 封装。

（8）简单的 3 线接口，与 TTL 兼容。

（9）可选的工业温度–40～+85℃。

（10）与 DS1202 兼容，美国保险商试验室（UL®）认证。

2. 振荡电路

DS1302 使用一个外部 32.768kHz 晶振。振荡电路工作时不需要任何外接的电阻或者电容，外部晶振参数要求如表 3-2-2 所示。如果使用指定规格的晶体，启动时间通常少于 1s。

表 3-2-2 外部晶振参数说明

参 数	符 号	最 小	典 型	最 大	单 位
标称频率	f_0	—	32.768	—	kHz
谐振电阻	ESR	—	—	45	kΩ
负载电容	C_L	—	6	—	pF

3. 时钟精确度

时钟的精确度取决于晶振的精确度，以及振荡电路容性负载与晶振校正的容性负载之间匹配的精确度。另外，温度改变引起的振荡频率漂移会使误差增加，外围电路噪声与振荡电路耦合可能导致时钟运行加快，图 3-2-6 显示了一个典型的隔离晶体与振荡器噪声的印刷电路板布局。

4. 命令字

图 3-2-7 所示为 DS1302 的命令字。命令字控制每一次数据传输，MSB（位 7）必须是逻

辑 1，如果是 0，则禁止对 DS1302 写入。位 6 在逻辑 0 时规定为时钟/日历数据，逻辑 1 时为 RAM 数据。位 1 至位 5 表示了输入输出单元的地址。LSB（位 0）在逻辑 0 时为写操作（输出），逻辑 1 时为读操作（输入），默认为输入。

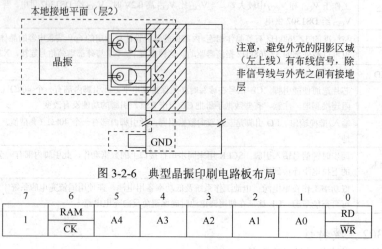

图 3-2-6　典型晶振印刷电路板布局

7	6	5	4	3	2	1	0
1	RAM $\overline{\text{CK}}$	A4	A3	A2	A1	A0	RD $\overline{\text{WR}}$

图 3-2-7　DS1302 命令字

控制字总是从最低位开始输出，在控制字指令输入后的下一个 SCLK 时钟的上升沿，数据被写入 DS1302，数据输入从最低位（0 位）开始。同样，在紧跟 8 位的控制字指令后的下一个 SCLK 时钟的下降沿，读出 DS1302 的数据，读出的数据也是按从最低位到最高位传输的。

5. CE 与时钟控制

所有数据传输开始时，CE 输入高。CE 输入实现两个功能：一是 CE 开启允许对地址/命令序列的移位寄存器进行读写的控制逻辑；二是 CE 信号为单字节和多字节数据传输提供了终止的方法。

一个时钟周期是一系列的上升沿伴随下降沿。要输入数据，在时钟的上升沿数据必须有效，而且在下降沿要输出数据位。如果 CE 输入为低电平，则所有数据传输终止，并且 I/O 口呈高阻抗状态。数据传输时序图如图 3-2-8 所示，由图可知，在上电时，CE 必须为逻辑 0，直到 V_{CC} 大于 2.0V，当 CE 变为逻辑 1 状态时，SCLK 必须为逻辑 0。

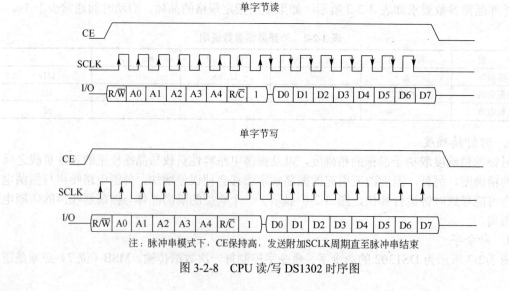

注：脉冲串模式下，CE 保持高，发送附加 SCLK 周期直至脉冲串结束

图 3-2-8　CPU 读/写 DS1302 时序图

6. 数据输入

输入写命令字的 8 个 SCLK 周期后，在接下来的 8 个 SCLK 周期的上升沿，数据字节被输入，数据输入从第 0 位开始。具体的写数据传输时序图如图 3-2-9 所示。

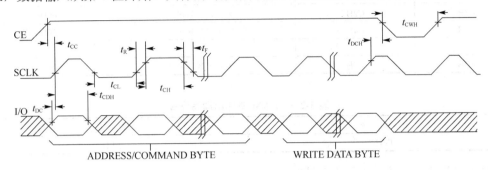

图 3-2-9　写数据传输时序图

7. 数据输出

输入读命令字的 8 个 SCLK 周期后，随后的 8 个 SCLK 周期的下降沿，一个数据字节被输出。第一个数据位的传送发生在命令字节被写完后的第一个下降沿，在此期间 CE 必须保持高电平，I/O 引脚在 SCLK 的每个上升沿被置为三态，数据输出从第 0 位开始。具体的读数据传输时序图如图 3-2-10 所示。

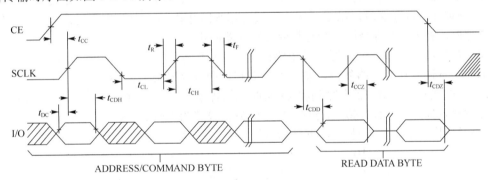

图 3-2-10　读数据传输时序图

8. 脉冲串模式

所谓脉冲串模式是指一次传送多个字节的时钟信号或 RAM 数据，脉冲串模式可以指定时钟/日历或者 RAM 寄存器。对于命令控制字，如前所述，位 6 指定时钟或者 RAM，位 0 指定读写。时钟/日历寄存器的存储单元 9~31 和 RAM 寄存器的存储单元 31 无数据存储能力。脉冲串模式下的读写从地址 0 的位 0 开始，时钟脉冲串读写命令如表 3-2-3 所示。

表 3-2-3　时钟脉冲串读写命令

读　命　令	写　命　令
BFH	BEH

在脉冲串模式下写时钟/日历寄存器时，前 8 个寄存器必须按顺序写要发送的数据。然而，在脉冲串模式下写 RAM 时，不必写入要发送数据的所有 31 个字节。RAM 命令字节定义了脉冲串模式操作，在此模式下，所有的 RAM 寄存器均可从 0 地址的位 0 开始连续读写。静态 RAM 在 RAM 地址空间内是以 31×8 字节连续编址的，读写命令如表 3-2-4 所示，RAM 脉冲串读写命令如表 3-2-5 所示。

表 3-2-4　RAM 读写命令

读 命 令 字	写 命 令 字	BIT 7~BIT 0	数 据 范 围
C1H	C0H	×××××××	00H~FFH
C3H	C2H	×××××××	00H~FFH
C5H	C4H	×××××××	00H~FFH
⋮	⋮	⋮	
FDH	FCH	×××××××	00H~FFH

表 3-2-5　RAM 脉冲串读写命令

读 命 令	写 命 令
FFH	FEH

脉冲串模式下涓流充电器不可读写。

9. 时钟/日历

读取适当的寄存器字节可以得到时间和日历信息。DS1302 的 RTC 寄存器如表 3-2-6 所示。写入适当的寄存器字节可以设置或初始化时间和日历，时间和日历寄存器的内容是二进制编码的十进制（BCD）格式。

周中的天寄存器在午夜 12 点增加，周中的天相应的值可以由用户定义，但是必须是连续的（例如，如果 1 代表周日，那么 2 代表周一）。非法的时间和日期输入导致未定义操作。当读写时钟/日历寄存器时，第二（用户）缓存用来防止内部寄存器更新时出错。读时钟/日历寄存器时，在 CE 上升沿用户缓存与内部寄存器同步。

每当秒寄存器被写入，递减计数电路被复位。写传输发生在 CE 的下降沿。为了避免翻转问题，一旦递减计数电路复位，剩下的时间和日期寄存器必须在 1s 内被写入。

DS1302 可以工作在 12 小时制和 24 小时制两种模式下。小时寄存器的位 7 为模式控制位，此位设置为 0 时，DS1302 工作在 24 小时制，设置为 1 时，DS1302 工作在 12 小时制。在 12 小时制模式下，位 5 是上午/下午标志位，为 1 表示是下午，为 0 表示上午。24 小时制模式下，位 5 是第二个 10 小时位（20~23 时），为 0 表示当前为上午时间，为 1 表示当前为下午时间。一旦 12 时制/24 时制的工作模式发生改变，小时数据必须被重新初始化。

表 3-2-6　RTC 寄存器地址/定义

读命令字	写命令字	BIT 7	BIT 6	BIT 5	BIT 4	BIT 3	BIT 2	BIT 1	BIT 0	范围
81H	80H	CH		10 Seconds			Seconds			00~59
83H	82H			10 Minutes			Minutes			00~59
85H	84H	$12/\overline{24}$	0	$\overline{\text{AM}}$ /PM 的 10	Hour		Hour			1~12 /0~23
87H	86H	0	0	10 Date			Date			1~31
89H	88H	0	0	0	10 Month		Month			1~12
8BH	8AH	0	0	0	0	0		Day		1~7
8DH	8CH	10 Year					Year			00~99
8FH	8EH	WP	0	0	0	0	0	0	0	-
91H	90H	TCS	TCS	TCS	TCS	DS	DS	RS	RS	-

10. 时钟暂停标志

秒寄存器的位 7（CH）被定义为时钟暂停标志。当此位置 1 时，时钟振荡器暂停，DS1302 进入漏电流小于 100nA 的低功耗备用模式。当此位置 0 时，时钟开始工作，初始状态未定义。

11. 写保护位

控制寄存器的位 7（WP）是写保护位，前 7 位（位 0～位 6）被强制为 0 且读取时总是读 0。在任何对时钟或 RAM 的写操作之前，位 7 必须为 0。该位为高时，禁止任何寄存器的写操作，初始状态未定义。因此，在试图写器件之前应该清除 WP 位。

12. 涓流充电寄存器

此寄存器控制 DS1302 的涓流充电特性。简化结构图如图 3-2-11 所示，图中显示了涓流充电器的基本元件。涓流充电选择（TCS）位（位 4～位 7）控制涓流充电器的选择。为了防止意外使能，只有 1010 的模式才能使涓流充电器使能，所有其他模式都会禁止涓流充电器。DS1302 加电时涓流充电器是禁止的。二极管选择（DS）位（位 2～位 3）选择 V_{CC2} 和 $Vcc1$ 之间连了一个还是两个二极管。如果 DS 为 01，则连接一个二极管，如果 DS 为 10，就需连接 2 个二极管。如果 DS 是 00 或者 11，不管 TCS 为何种状态，涓流充电器均被禁止。RS 位（位 0～位 1）选择连在 Vcc2 和 Vcc1 之间的电阻。涓流充电电阻和二极管选择如表 3-2-7 所示。

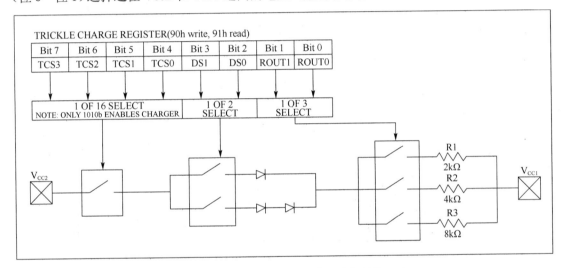

图 3-2-11 可编程涓流充电器内部结构

表 3-2-7 涓流充电电阻和二极管选择

BIT 7	TCS	~					BIT 0	功 能
×	×	×	×	×	×	0	0	禁止涓流
×	×	×	×	0	0	×	×	禁止涓流
×	×	×	×	1	1	×	×	禁止涓流
1	0	1	0	0	1	0	1	1 二极管，2 kΩ 电阻
1	0	1	0	0	1	1	0	1 二极管，4 kΩ 电阻
1	0	1	0	0	1	1	1	1 二极管，8 kΩ 电阻
1	0	1	0	1	0	0	1	2 二极管，2 kΩ 电阻
1	0	1	0	1	0	1	0	2 二极管，4 kΩ 电阻
1	0	1	0	1	0	1	1	2 二极管，8 kΩ 电阻
0	1	0	1	1	1	0	0	上电初始状态

电阻和二极管的选择是由用户根据电池或超级电容充电所需的最大电流决定的。最大充电电流计算举例如下。

假设 5V 系统供电电源加在 V_{CC2}，一个超级电容连在 V_{CC1}，同时假设涓流充电器被使能

且 V_{CC2} 与 V_{CC1} 之间有一个二极管和电阻 R1，则最大电流 I_{max}=(5.0V−二极管压降)/R_1≈(5.0V−0.7V)/2kΩ≈2.2mA。超级电容充电时，V_{CC2} 与 V_{CC1} 之间压降增加，因此充电电流增加。

【应用案例】

编程实现基于 DS1302 的电子时钟（显示分、秒，初始值设为 33 分 33 秒，数码管显示）。

（1）硬件原理图

DS1302 与单片机硬件接口实现比较容易，如图 3-2-12 所示，其第 7 脚、6 脚和 5 脚分别与单片机的 P3.5、P3.6 和 P3.7 相连，STC89C51RC 单片机内部没有集成 SPI 协议，在软件编程时，需要通过 I/O 口模拟 SPI 通信时序来实现对 DS1302 的读写控制。显示电路参见图 3-1-9。

（2）程序流程图

本例程序设计流程图如图 3-2-13 所示。

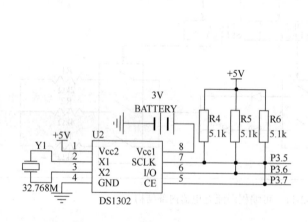

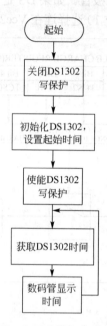

图 3-2-12　DS1302 与单片机接口电路　　图 3-2-13　电子时钟程序设计流程图

（3）软件代码

根据流程图，参考程序如下所示。

```c
#include <reg51.h>
sbit clk = P3^5;
sbit i_o = P3^6;
sbit rst = P3^7;

sbit P23 = P2^3;
sbit P22 = P2^2;
sbit P21 = P2^1;
sbit P20 = P2^0;

#define one {P0=0xff;P23=0;P22=1;P21=1;P20=1;}
#define two {P0=0xff;P23=1;P22=0;P21=1;P20=1;}
```

```c
#define thr {P0=0xff;P23=1;P22=1;P21=0;P20=1;}
#define fou {P0=0xff;P23=1;P22=1;P21=1;P20=0;}

unsigned char fen;            //分
unsigned char miao;           //秒
unsigned char data smg[] = {0xc0,0xf9,0xa4,0xb0,0x99,0x92,0x82,0xf8,
0x80,0x90};
```

```
/*================================================
   Name:        Delay
   Description: 延时函数.            0.2ms
 ================================================*/
```
```c
void Delay(unsigned char t)              // 0.2ms * t 参考
{
    unsigned char time;
    do
    {
        time=100;
        while(--time);
    }
    while(--t);
}
```

```
/*================================================
   Name:        Write_Byte
   Description: 写字节.
 ================================================*/
```
```c
void Write_Byte(unsigned char dat)
{
    unsigned char i;
    for(i=0;i<8;i++)
    {
        clk=0;
        i_o=dat&0x01;
        clk=1;
        dat>>=1;
    }
}
```

```
/*================================================
   Name:        Read_Byte
   Description: 读字节.
 ================================================*/
```

```
unsigned char Read_Byte()
{
    unsigned char i;
    unsigned char dat;
    for(i=0;i<8;i++)
    {
        dat>>=1;
        clk=0;
        if(i_o)
            dat|=0x80;
        clk=1;
    }
    return dat;
}
```

```
/*========================================================

    Name:        Write_Data
    Description: 写时间数据.

========================================================*/
void Write_Data(unsigned char add,unsigned char dat)
{
    rst=0;
    clk=0;
    rst=1;
    Write_Byte(add);
    Write_Byte(dat);
    rst=0;
    clk=0;
}
```

```
/*========================================================

    Name:        Read_Data
    Description: 读时间数据.

========================================================*/
unsigned char Read_Data(unsigned char add)
{
    unsigned char dat;
    rst=0;
    clk=0;
    rst=1;
    Write_Byte(add);
    dat=Read_Byte();
    rst=0;
```

```
        clk=0;
        return dat;
}
```

```
/*========================================================
  Name:       Init_Time
  Description: 初始化时间.
  ========================================================*/
void Init_Time()
{
    Write_Data(0x8e,0x00);      //关闭 写保护
    Write_Data(0x80,0x33);      //33 秒
    Write_Data(0x82,0x33);      //33 分
    Write_Data(0x8e,0x80);      //打开 写保护
}
```

```
/*========================================================
  Name:       Get_Time
  Description: 获取时间.
  ========================================================*/
void Get_Time()
{
    fen =Read_Data(0x83);       //分
    miao=Read_Data(0x81);       //秒
}
```

```
/*========================================================
  Name:       Show
  Description: 显示函数.
  ========================================================*/
void Show()
{
    one       P0=smg[fen/16];   //显示分
    Delay(23);
    two       P0=smg[fen%16];
    Delay(23);
    thr       P0=smg[miao/16];  //显示秒
    Delay(23);
    fou       P0=smg[miao%16];
    Delay(20);
}
```

```
/*========================================================
```

```
    Name:        Cycle
    Description: 循环执行.

    ==================================================================*/

void Cycle()
{
    while(1)
    {
        Get_Time();
        Show();
    }
}

/*==================================================================

    Name:        main
    Description: 主函数.

    ==================================================================*/

void main()
{
    Init_Time();
    Cycle();
}
// =====================================================================
// *** END OF FILE ***
// =====================================================================
```

【巩固与拓展】

1. 拓展目标

（1）理解 SPI 总线相关原理，灵活运用 DS1302 实现电子时钟。

（2）熟练利用单片机 I/O 口模拟 SPI 时序。

（3）完成 DS1302 与单片机硬件接口的设计、运行及调试。

2. 任务描述

编程实现基于 DS1302 和 LCD 1602 的电子时钟（显示年、月、日、时、分、秒、星期，初始化为 12 年，7 月，25 日，周三，24 小时制 8 时 33 分 33 秒）。

（1）实施条件

① "教学做"一体化教室。

② 电脑（安装有 Keil 软件、ISP 下载软件）、串口下载线或专用程序烧写器，作为程序的开发调试以及下载工具。

（2）安全提示

① 焊接电路时注意规范操作电烙铁，防止因为操作不当导致受伤。焊接单个引脚持续时间不要超过 5s。

② 上电前一定要进行电路检测，将桌面清理干净，防止桌面残留的焊锡、剪掉的元器件引脚引起电路板短路，特别是防止电源与地短路导致芯片损坏。

③ 上电后不能够用手随意触摸芯片，防止芯片受损。

④ 规范操作万用表、示波器等检测设备，防止因为操作不当损坏仪器。

（3）实施步骤

步骤一：硬件准备工作

准备好焊接所需的镊子、导线、电烙铁、相关电子元器件、焊接用的电路板，根据图 3-2-9、图 2-2-6 及图 2-1-19 所示焊接电路，利用万用表、示波器等设备对焊接的电路板进行调试，确保电路板焊接准确无误。

步骤二：编写程序

① 编写程序流程图。程序流程图参见图 3-2-14 所示。

② 利用电脑在 Keil 开发环境下编程，参考程序如下所示。

```
#include <reg51.h>
sbit clk=P3^5;
sbit i_o=P3^6;
sbit rst=P3^7;

sbit rs=P1^0;
sbit rw=P1^1;
sbit en=P1^2;

unsigned char data date[]="0123456789-";
unsigned char data time[7];        //时间数据
```

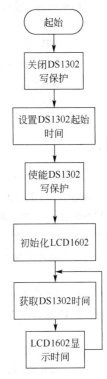

图 3-2-14　拓展任务程序流程图

```
/*========================================
  Name:       Delay
  Description: 延时函数.0.2ms
========================================*/
void Delay(unsigned char t)        //0.2ms * t 参考
{
    unsigned char time;
    do
    {
        time=100;
        while(--time);
    }
    while(--t);
}


/*========================================
  Name:       Write_1302
  Description: 向 1302 写字节.
========================================*/
void Write_1302(unsigned char dat)
{
```

```
        unsigned char i;
        for(i=0;i<8;i++)
        {
            clk=0;
            i_o=dat&0x01;
            clk=1;
            dat>>=1;
        }
    }
```

```
/*==============================================
  Name:       Read_1302
  Description: 从 1302 读字节.
  ==============================================*/
unsigned char Read_1302()
{
    unsigned char i,dat;
    for(i=0;i<8;i++)
    {
        clk=1;
        dat>>=1;
        clk=0;
        if(i_o)
            dat|=0x80;
    }
    return dat;
}
```

```
/*==============================================
  Name:       Write_Time
  Description: 向 1302 写入时间数据.
  ==============================================*/
void Write_Time(unsigned char add,unsigned char dat)
{
    rst=0;
    rst=1;
    Write_1302(add);
    Write_1302(dat);
    clk=0;
    rst=0;
}
```

```
/*==============================================
  Name:       Read_Time
```

Description: 从 1302 读出时间数据.
==*/

```c
unsigned char Read_Time(unsigned char add)
{
    unsigned char dat;
    rst=0;
    rst=1;
    Write_1302(add);
    dat=Read_1302();
    clk=0;
    rst=0;
    return dat;
}
```

```
/*================================================

 Name:          Init_Time
 Description: 初始化设置时间.
=================================================*/
```

```c
void Init_Time()
{
    Write_Time(0x8e,0x00);          //关写保护
    Write_Time(0x8c,0x12);          //12 年
    Write_Time(0x88,0x07);          //7 月
    Write_Time(0x86,0x25);          //25 日
    Write_Time(0x8a,0x03);          //周三
    Write_Time(0x84,0x08);          //24 时制 8 时
    Write_Time(0x82,0x33);          //33 分
    Write_Time(0x80,0x33);          //33 秒
    Write_Time(0x8e,0x80);          //开写保护
}
```

```
/*================================================

 Name:          Get_Time
 Description: 获取时间日期.
=================================================*/
```

```c
void Get_Time()
{
    time[0]=Read_Time(0x8d);    //年
    time[1]=Read_Time(0x89);    //月
    time[2]=Read_Time(0x87);    //日
    time[3]=Read_Time(0x8b);    //周
    time[4]=Read_Time(0x85);    //时
    time[5]=Read_Time(0x83);    //分
    time[6]=Read_Time(0x81);    //秒
```

```
}

/*================================================
  Name:        Write_Lcd_C
  Description: 向 lcd 写字节命令.
  ================================================*/
void Write_Lcd_C(unsigned char com)
{
    en=0;
    rw=0;
    rs=0;
    P0=com;
    en=1;
    Delay(1);
    en=0;
    rs=1;
    rw=1;
}

/*================================================
  Name:        Write_Lcd_D
  Description: 向 lcd 写字节数据.
  ================================================*/
void Write_Lcd_D(unsigned char dat)
{
    en=0;
    rw=0;
    rs=1;
    P0=dat;
    en=1;
    Delay(1);
    en=0;
    rs=0;
    rw=1;
}

/*================================================
  Name:        Init_Lcd
  Description: 初始化 lcd.
  ================================================*/
void Init_Lcd()
{
    Write_Lcd_C(0x38);
    Write_Lcd_C(0x0c);
```

```
        Write_Lcd_C(0x06);
        Write_Lcd_C(0x01);
}


/*========================================================
 Name:       Show
 Description: lcd 实时显示.
==========================================================*/
void Show()
{
        Write_Lcd_C(0x80);                    //写第一行数据
        Write_Lcd_D(date[2]);
        Write_Lcd_D(date[0]);
        Write_Lcd_D(date[time[0]/16]);
        Write_Lcd_D(date[time[0]%16]);
        Write_Lcd_D(date[10]);
        Write_Lcd_D(date[time[1]/16]);
        Write_Lcd_D(date[time[1]%16]);
        Write_Lcd_D(date[10]);
        Write_Lcd_D(date[time[2]/16]);
        Write_Lcd_D(date[time[2]%16]);
        Write_Lcd_D(date[10]);
        Write_Lcd_D(date[time[3]%16]);
        Write_Lcd_C(0xc0);                    //写第二行数据
        Write_Lcd_D(date[time[4]/16]);
        Write_Lcd_D(date[time[4]%16]);
        Write_Lcd_D(date[10]);
        Write_Lcd_D(date[time[5]/16]);
        Write_Lcd_D(date[time[5]%16]);
        Write_Lcd_D(date[10]);
        Write_Lcd_D(date[time[6]/16]);
        Write_Lcd_D(date[time[6]%16]);
}


/*========================================================
 Name:       Cycle
 Description: 循环执行.
==========================================================*/
void Cycle()
{
        while(1)
        {
                Get_Time();
                Show();
```

```
        }
    }


/*================================================================
    Name:        main
    Description: 主函数.
================================================================*/
void main()
{
    Init_Time();
    Init_Lcd();
    Cycle();
}
// ================================================================
// *** END OF FILE ***
// ================================================================
```

步骤三：调试程序

根据任务控制要求，对编写好的程序进行调试，直至无误，生成.hex 文件。

步骤四：下载程序并运行

将编译好的.hex 文件利用串口下载线或者是专用烧写器存储到单片机内部 ROM 中，运行程序，观察现象是否跟预期一致。

3. 任务检查与评价

整个任务完成之后，检测一下完成的效果，具体的测评细则见表 3-2-8。

表 3-2-8　任务完成情况的测评细则

一 级 指 标	比　例	二 级 指 标	比　例	得　分
电路板制作	30%	1.元器件布局的合理性	5%	
		2.布线的合理性、美观性	2%	
		3.焊点的焊接质量	3%	
		4.电路板的运行调试	20%	
程序设计及调试	40%	1.开发软件的操作、参数的设置	2%	
		2.控制程序具体设计	25%	
		3.程序设计的规范性	3%	
		4.程序的具体调试	10%	
通电实验	20%	1.程序的下载	5%	
		2.程序的运行情况，现象的正确性	15%	
职业素养与职业规范	10%	1.材料利用效率，耗材的损耗	2%	
		2.工具、仪器、仪表使用情况，操作规范性	5%	
		3.团队分工协作情况	3%	
总计			100%	

【思考与练习】

1. 简述 SPI 总线的特点与工作方式。

2. 简述 DS1302 的特性以及工作原理。

3. 画出 DS1302 与 STC89C51RC 单片机通信的硬件电路图。

学习单元三　I2C 总线接口技术

【学习目标】

1. 了解 I2C 总线的定义与特点。
2. 了解 I2C 总线的工作原理。
3. 掌握 I2C 串行数据通信协议的使用。
4. 掌握 I2C E2PROM 器件的读写方法。

【预备知识】

一、I2C 总线特点

I2C（Inter－Integrated Circuit）总线是一种由 PHILIPS 公司开发的两线式串行总线，用于连接微控制器及其外围设备。也可以简单地理解为 I2C 是微控制器与外围芯片的一种通信协议。在不同的书籍中，可能会称为 IIC 或者 I 平方 C，但是概念也是一样的，只是叫法不同。

I2C 总线的优点非常多，其中最主要体现在以下几个方面。

（1）硬件结构上具有相同的接口界面。

（2）电路接口的简单性。

（3）软件操作的一致性。

I2C 总线占用芯片的引脚非常少，只需要两组信号作为通信的协议，一条为数据线（SDA），另一条为时钟线（SCL），因此减少了电路板的空间和芯片引脚的数量，所以降低了互联成本。总线的长度可高达 25 英尺（1 英尺=0.3048m），并且能够以 10Kbps 的最大传输速率支持 40 个组件。I2C 总线还具备了另一个优点，就是任何能够进行发送和接收数据的设备都可以成为主控机。当然，在任何时间点上只能允许有一个主控机。I2C 总线的数据传送速率在标准工作方式下为 100Kbps，快速方式下最高传送速率达 400Kbps。

二、I2C 总线工作原理

图 3-3-1 为 I2C 总线的连接图。I2C 总线是由数据线 SDA 和时钟线 SCL 构成的串行总线，可发送和接收数据。在单片机与被控 IC 之间，最高传送速率为 100Kbps。各种 I2C 器件均并联在这条总线上，就像电话线网络一样不会互相冲突，要互相通信就必须拨通其电话号码，每一个 I2C 模块都有唯一地址。并接在 I2C 总线上的模块，既可以是主控器（或被控器），也可以是发送器（或接收器），这取决于它所要完成的功能。I2C 总线在传送数据过程中共有四种类型信号，它们分别是：起始信号、停止信号、应答信号与非应答信号。

图 3-3-1　I2C 总线连接图

三、I2C 总线数据的传送规则

起始信号：在 I2C 总线工作过程中，当 SCL 为高电平时，SDA 由高电平向低电平跳变，定义为起始信号，起始信号由主控机产生。如图 3-3-2 所示。

停止信号：当 SCL 为高电平时，SDA 由低电平向高电平跳变，定义为停止信号，此信号也只能由主控机产生。如图 3-3-3 所示。

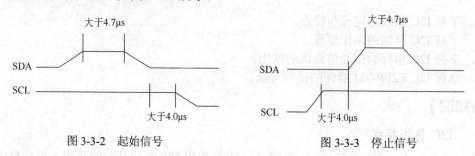

图 3-3-2 起始信号   图 3-3-3 停止信号

应答信号：I2C 总线传送的每个字节为 8 位，受控的器件在接收到 8 位数据后，在第 9 个脉冲必须输出低电平作为应答信号，同时，要求主控器在第 9 个时钟脉冲位上释放 SDA 线，以便受控器发出应答信号（将 SDA 拉低），表示对接收数据的应答，如图 3-3-4 所示。

非应答信号：如果主控器在第 9 个脉冲收到受控器的非应答信号，如图 3-3-5 所示，则表示停止数据的发送或接收。

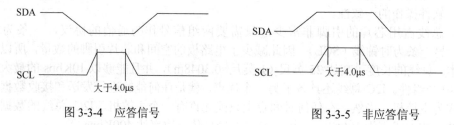

图 3-3-4 应答信号   图 3-3-5 非应答信号

每启动一次总线，传输的字节数是没有限制的。主控器件和受控器件都可以工作于接收和发送状态。总线必须由主器件控制，也就是说必须由主控器产生时钟信号、起始信号、停止信号。在时钟信号为高电平期间，数据线上的数据必须保持稳定，数据线上的数据状态仅在时钟为低电平的期间才能改变，如图 3-3-6 所示，而当时钟线为高电平的期间，数据线状态的改变被用来表示起始和停止条件，见图 3-3-2、图 3-3-3。

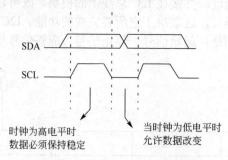

时钟为高电平时   当时钟为低电平时
数据必须保持稳定   允许数据改变

图 3-3-6 数据的有效性示意图

图 3-3-7 为总线的完整时序，需要注意的是，当主控器接收数据时，在最后一个数据字节，必须发送一个非应答信号，使受控器释放数据线，以便主控器产生一个停止信号来终止总线的数据传送。

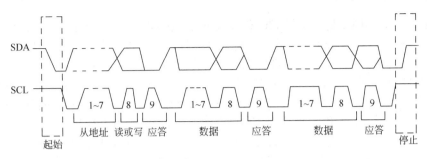

图 3-3-7 I2C 总线的完整时序

I2C 总线的读操作与写操作：写操作就是主控器件向受控器件发送数据，写数据格式如图 3-3-8 所示。首先，主控器会对总线发送起始信号，紧跟应该是第一个字节的 8 位数据，但是从地址只有 7 位。所谓从地址就是受控器的地址，而第 8 位是受控器约定的数据方向位，"0"为写，从图 3-3-8 中可以看到发送完一个 8 位数之后应该是一个受控器的应答信号。应答信号过后就是第二个字节的 8 位数据，这个数据多为受控器件的寄存器地址，寄存器地址过后就是要发送的数据，当数据发送完后就是一个应答信号，每启动一次总线，传输的字节数没有限制，一个字节地址或数据过后的第 9 个脉冲是受控器件应答信号，当数据传送完之后由主控器发出停止信号来停止总线。

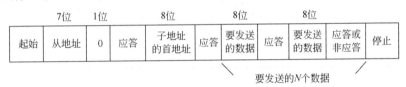

图 3-3-8 总线写格式

读操作指受控器件向主控器件发送数，其总线的操作格式如图 3-3-9 所示。首先，由主控器发出起始信号，前两个传送的字节与写操作相同，但是到了第二个字节之后，需要再次启动总线，改变传送数据的方向。前面两个字节数据方向为写，即"0"，第二次启动总线后数据方向为读，即"1"，之后就是要接收的数据。从图 3-3-9 的写格式中，可以看到有两种应答信号，一种是受控器的，另一种是主控器的。前面三个字节的数据方向均指向受控器件，所以应答信号就由受控器发出。但是后面要接收的 N 个数据则是指向主控器件，所以应答信号应由主控器件发出。当 N 个数据接收完成之后，主控器件应发出一个非应答信号，告知受控器件数据接收完成，不用再发送。最后的停止信号同样也是由主控器发出。

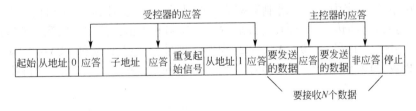

图 3-3-9 总线读格式

四、I2C ROM AT24C02 简介

AT24C02 是美国 Atmel 公司生产的低功耗 CMOS 型 E2PROM，内含 256×8 位存储空间，具有工作电压宽（2.5～5.5 V）、擦写次数多（大于 10000 次）、写入速度快（小于 10ms）、抗干扰能力强、数据不易丢失、体积小、接口方便等特点，在仪器仪表及工业自动化控制中得

到大量的应用。AT24C02 是采用了 I2C 总线式进行数据读写的串行器件，占用很少的资源和 I/O 线，并且支持在线编程，进行数据实时的存取十分方便。

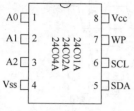

图 3-3-10　AT24C02 引脚图

1. AT24C02 的引脚功能

AT24C02 引脚分布如图 3-3-10 所示，引脚功能说明如表 3-3-1 所示。1、2、3 脚是 3 根地址线，用于确定芯片的硬件地址。8 脚和 4 脚分别接电源与地。5 脚 SDA 为串行数据输入/输出，数据通过这根双向 I2C 总线串行传送。6 脚 SCL 为串行时钟信号线，通过 10kΩ 的电阻上拉。7 脚为 WP 写保护端，接地时允许芯片执行一般的读写操作，接正电源时只允许对器件进行读操作。

表 3-3-1　24C02 引脚功能表

引脚	引脚名称	功　能　说　明
1	A0	地址输入。A2、A1 和 A0 是器件的地址输入引脚。24C02/32/64 使用 A2、A1 和 A0 输入引脚作为硬件地址，总线上可以同时级联 8 个 24C02/32/64 器件
2	A1	
3	A2	
4	Vss	接地
5	SDA	串行地址和数据输入/输出。SDA 是双向串行数据传输引脚，漏极开路，需外接上拉电阻到 Vcc（典型值为 10kΩ）
6	SCL	串行时钟输入。SCL 同步数据传输，上升沿数据写入，下降沿数据读出
7	WP	写保护。WP 引脚提供硬件数据保护。当 WP 接地时，允许数据正常读写操作。当 WP 接 Vcc 时，写保护，只读
8	Vcc	接正电源

2. AT24C02 工作原理

AT24C02 中带有片内地址寄存器。每写入或读出一个数据字节后，该地址寄存器自动加 1，以实现对下一个存储单元的读写。所有字节均以单一操作方式读取。为降低总的写入时间，一次操作可写入多达 8 个字节的数据。

I2C 总线是一种用于 IC 器件之间连接的二线制总线。通过 SDA（串行数据线）及 SCL（串行时钟线）两根线在连到总线上的器件之间传送信息，并根据地址识别每个器件。AT24C02 正是运用了 I2C 规程，使用主 / 从机双向通信，主机（通常为单片机）和从机（AT24C02）均可工作于接收器和发送器状态。主机产生串行时钟信号（通过 SCL 引脚）并发出控制字，控制总线的传送方向，并产生开始和停止的条件。无论是主机还是从机，接收到一个字节后必须发出一个确认信号 ACK。

AT24C02 的控制字由 8 位二进制数构成，在开始信号发出以后，主机便会发出控制字，以选择从机并控制总线传送的方向。控制字如图 3-3-11 所示。控制字的高 4 位为 AT24C02 的识别位，是不能更改的。A0、A1、A2 为器件地址位，必须与硬件输入引脚的实际状态保持一致。R/W 为读写控制位，当其为 1 时，进行的是读操作，为 0 时，将要进行的是写操作。

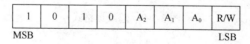

图 3-3-11　AT24C02 控制字

3. AT24C02 的开始和结束信号

关于 I2C 器件的开始与结束信号在本章前面内容中已经有详细的叙述，这里不再讲述。

AT24C02 器件的开始与结束信号如图 3-3-12 所示。

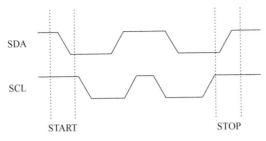

图 3-3-12　起始和结束条件

4. AT24C02 应答信号

无论是主设备还是从设备，在每接收到一个字节的数据以后，都必须返回一个应答信号。如图 3-3-13 所示。

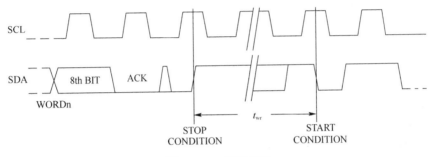

图 3-3-13　应答信号

5. AT24C02 容量

AT24C02 中 8 个字节为一页，总共有 32 页，地址范围为 00H～FFH，即 00H～07H 为第一页，08H～0FH 为第二页，以此类推。在连续读写时，若读取地址超过单页的第八个地址，则又从该页的第一个地址循环开始。

6. AT24C02 的读写

只有在 SCL 置低时，才能够改变 SDA 的值，在 SCL 为高电平期间，SDA 必须保持不变。

（1）写入单个字节

向 AT24C02 写入单个字节的时序图如图 3-3-14 所示。

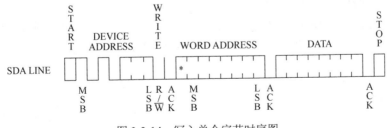

图 3-3-14　写入单个字节时序图

（2）连续写入字节

在连续写入字节方式下，当写入到当前页最后一个地址单元后，再从该页的起始地址单元写入，如此反复，时序图如图 3-3-15 所示。

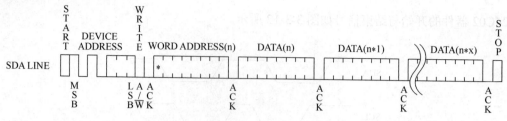

图 3-3-15　连续写入多个字节时序图

（3）从当前地址读一个字节

从当前地址指针读一个字节的时序图如图 3-3-16 所示。

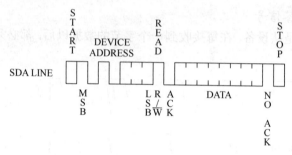

图 3-3-16　从当前地址读一个字节时序图

（4）从指定地址读一个字节

从指定的地址单元读取一个字节数据的时序图如图 3-3-17 所示。

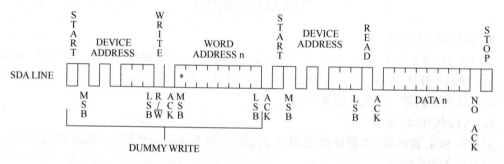

图 3-3-17　从指定地址读取一个字节时序图

（5）从当前地址开始连续读取字节

从当前 AT24C02 的地址指针位置开始，顺序读取多个字节，读取到该页最后一个字节时，再从该页的第一个字节开始循环读取。时序图如图 3-3-18 所示。

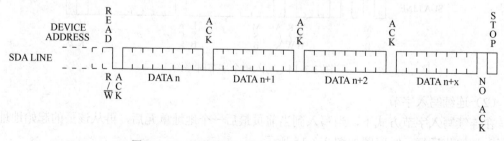

图 3-3-18　从当前地址顺序读取多个字节时序图

【应用案例】

利用 AT24C02 实现对实验硬件平台开关机次数的统计（15 次后清零重新统计，数码管显示）。

（1）硬件原理图

AT24C02 与单片机接口硬件设计实现简单，器件参考手册也有相关设计说明。具体连接方案可参考图 3-3-19 所示。AT24C02 的 5 脚和 6 脚接上拉电阻后分别与单片机的 P1.7 和 P1.6 相连，A0、A1、A2 接地。显示电路参见图 3-1-9。

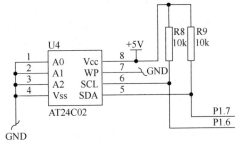

图 3-3-19 AT24C02 与单片机接口电路

（2）程序流程图

STC89C51RC 单片机内部没有集成 I2C 协议，因此要实现对 AT24C02 的读写控制需要利用单片机 I/O 口模拟实现 I2C 通信时序。

本例程序设计流程图如图 3-3-20 所示。

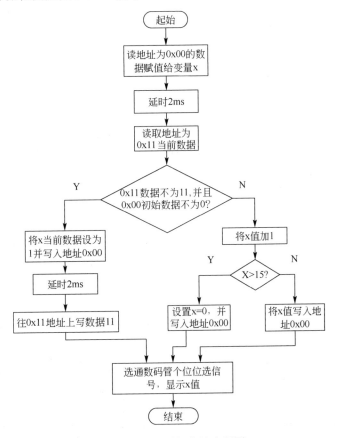

图 3-3-20 开关机统计流程图

（3）软件代码

根据流程图，参考程序如下所示。

```
#include <reg51.h>
#include <intrins.h>
```

```
sbit scl = P1^6;
sbit sda = P1^7;
sbit wx  = P2^0;
unsigned char x = 0;
unsigned char data smg[16]={0xc0,0xf9,0xa4,0xb0,0x99,0x92,0x82,
0xf8,0x80,0x90,0x88,0x83,0xc6,0xa1,0x86,0x8e};
/*=======================================================
 Name:        Delay
 Description: 延时函数.      0.2ms    （仅供参考）
========================================================*/
void Delay(unsigned char t)              //0.2ms * t
{
    unsigned char time;
    do
    {
        time=100;
        while(--time);
    }
    while(--t);
}


/*=======================================================
 Name:        Snop
 Description: 延时函数.      8 个机器周期  （仅供参考）
========================================================*/
void Snop()
{
    _nop_();
    _nop_();
    _nop_();
    _nop_();
    _nop_();
    _nop_();
    _nop_();
    _nop_();
}


/*=======================================================
 Name:        Sta
 Description: I2C 开始函数.
========================================================*/
void Sta()
{
    sda=1;
```

```
        scl=1;
        Snop();
        sda=0;
        scl=0;
}


/*========================================================
    Name:       Ask
    Description: I2C 应答函数.
========================================================*/

void Ask()
{
        scl=1;
        Snop();
        scl=0;
}


/*========================================================
    Name:       Stp
    Description: I2C 停止函数.
========================================================*/

void Stp()
{
        sda=0;
        scl=1;
        sda=1;
        scl=0;
}


/*========================================================
    Name:       Write_Byte
    Description: 向 I2C 写一字节函数.
========================================================*/

void Write_Byte(unsigned char dat)
{
        unsigned char i;
        for(i=0;i<8;i++)
        {
                sda=dat&0x80;
                scl=1;
                Snop();
                scl=0;
                dat<<=1;
```

```
        }
    }

/*========================================================
    Name:        Read_Byte
    Description: 从 I2C 读一字节函数.
========================================================*/
unsigned char Read_Byte()
{
    unsigned char i,dat;
    for(i=0;i<8;i++)
    {
        scl=1;
        dat<<=1;
        dat|=sda;
        scl=0;
        Snop();
    }
    return dat;
}


/*========================================================
    Name:      Write
    Description: 向 I2C 写数据函数.
========================================================*/
void Write(unsigned char add,unsigned char dat)
{
    Sta();
    Write_Byte(0xa0);
    Ask();
    Write_Byte(add);
    Ask();
    Write_Byte(dat);
    Ask();
    Stp();
}


/*========================================================
    Name:      Read
    Description: 从 I2C 读数据函数.
========================================================*/
unsigned char Read(unsigned char add)
{
    unsigned char dat;
```

```
        Sta();
        Write_Byte(0xa0);
        Ask();
        Write_Byte(add);
        Ask();
        Sta();
        Write_Byte(0xa1);
        Ask();
        dat=Read_Byte();
        Stp();
        return dat;
}


/*=====================================================
  Name:        Init
  Description: 开机向 24C02 写数据.
=================================================*/
void Init()
{
        x=Read(0x00);
        Delay(11);
        if((Read(0x11)!=11)&&(x!=0))        //判断设置、清零数据
        {
                x=0;
                x++;
                Delay(11);
                Write(0x00,x);
                Delay(11);
                Write(0x11,11);
        }
        else
        {
                x++;
                if(x>15)                            //统计次数 15 次
                        x=0;
                Write(0x00,x);
        }
}


/*=====================================================
  Name:        Show
  Description: 显示函数.
=================================================*/
void Show()                                 //数码管显示
```

```
    {
        wx=0;
        P0=smg[x];
    }


/*================================================================
  Name:           main
  Description: 主函数.
================================================================*/
void main()
{
    Init();
    Show();
    while(1);
}
// ================================================================
// *** END OF FILE ***
// ================================================================
```

【巩固与拓展】

1. 拓展目标

（1）了解 I2C 总线的工作原理，掌握 I2C 总线驱动程序的设计和调试方法，掌握 I2C 总线存储器的读写方法。

（2）熟练利用单片机 I/O 口模拟 I2C 时序。

（3）完成 AT24C02 与单片机硬件接口的设计、运行及调试。

2. 任务描述

编程实现在 PC 机上利用串口给单片机发送数据（0~99），单片机收到数据后在数码管上显示，同时，单片机将该数据存储在 AT24C02 的地址为 00H 的存储单元中（单片机掉电后再次启动时自动将该数据取出在数码管上显示），并通过串口将该数据回送给 PC 机。

3. 任务实施

（1）实施条件

① "教学做"一体化教室。

② 电脑（安装有 Keil 软件、ISP 下载软件）、串口下载线或专用程序烧写器，作为程序的开发调试以及下载工具。

（2）安全提示

① 焊接电路时注意规范操作电烙铁，防止因为操作不当导致受伤。焊接单个引脚持续时间不要超过 5s。

② 上电前一定要进行电路检测，将桌面清理干净，防止桌面残留的焊锡、剪掉的元器件引脚引起电路板短路，特别是防止电源与地短路导致芯片损坏。

③ 上电后不能够用手随意触摸芯片，防止芯片受损。

④ 规范操作万用表、示波器等检测设备，防止因为操作不当损坏仪器。

（3）实施步骤

步骤一：硬件准备工作

准备好焊接所需的镊子、导线、电烙铁、相关电子元器件、焊接用的电路板，根据图 3-3-19、

图 3-1-9、图 2-1-19 及串口通信原理图（图 3-3-21）焊接电路，利用万用表、示波器等设备对焊接的电路板进行调试，确保电路板焊接准确无误。

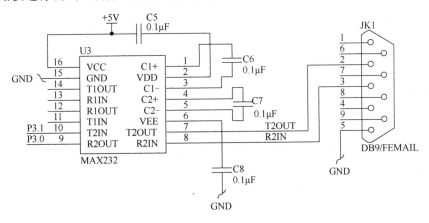

图 3-3-21　单片机与计算机串口通信原理图

步骤二：编写程序
① 编写程序流程图。程序流程图如图 3-3-22 所示。
② 利用电脑在 Keil 开发环境下编程，参考程序如下所示。

```c
#include <reg51.h>
#include <intrins.h>

sbit P21 = P2^1;
sbit P20 = P2^0;

#define thr {P0=0xff;P21=0;P20=1;}    //两位数码管显示
#define fou {P0=0xff;P21=1;P20=0;}
#define cls {P0=0xff;P21=1;P20=1;}    //关闭位选

sbit scl = P1^6;
sbit sda = P1^7;

bit re = 0;                           //串口接收标志位

unsigned char x = 0;                  //临时数据
unsigned char data smg[16] = {0xc0,0xf9,0xa4,0xb0,0x99,
0x92,0x82, 0xf8,0x80,0x90,0x88,0x83,0xc6,0xa1,0x86,0x8e};

/*=================================================
Name:          Delay
Description: 延时函数.   0.2ms
=================================================*/
void Delay(unsigned char t)           //0.2ms * t  参考
{
```

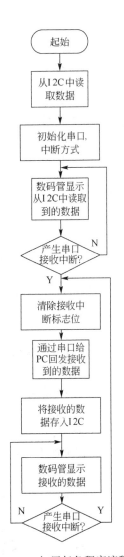

图 3-3-22　拓展任务程序流程图

```
            unsigned char time=100;
            do
            {
                time=100;
                while(--time);
            }
            while(--t);
}

/*=====================================================================
    Name:        Enop
    Description: 8 机器周期延时.
======================================================================*/
void Enop()
{
    _nop_();
    _nop_();
    _nop_();
    _nop_();
    _nop_();
    _nop_();
    _nop_();
    _nop_();
}

/*=====================================================================
    Name:        Init_Uart
    Description: 初始化串口.
======================================================================*/
void Init_Uart()
{
    TMOD=0x20;
    TH1=0xf3;
    TL1=0xf3;
    EA=1;
    ES=1;
    SCON=0x50;
    TR1=1;
}

/*=====================================================================
    Name:        Sta
    Description: 复位 I2C.
```

```
===============================================*/
void Sta()
{
    sda=1;
    scl=1;
    Enop();
    sda=0;
    scl=0;
}

/*=================================================
 Name:         Ask
 Description: 应答.
===============================================*/
void Ask()
{
    scl=1;
    Enop();
    scl=0;
}

/*=================================================
 Name:         Stp
 Description: 终止.
===============================================*/
void Stp()
{
    sda=0;
    scl=1;
    Enop();
    sda=1;
    scl=0;
}

/*=================================================
 Name:         Write
 Description: 写字节.
===============================================*/
void Write(unsigned char dat)
{
    unsigned char i;
    for(i=0;i<8;i++)
    {
```

```
        sda=dat&0x80;
        dat<<=1;
        scl=1;
        Enop();
        scl=0;
    }
}
```

```
/*===============================================
  Name:          Read
  Description: 读字节.
  ===============================================*/
unsigned char Read()
{
    unsigned char i;
    unsigned char dat;
    for(i=0;i<8;i++)
    {
        scl=1;
        dat<<=1;
        dat|=sda;
        scl=0;
        Enop();
    }
    return dat;
}
```

```
/*===============================================
  Name:          Write_IIC
  Description: 向 I2C 写数据.
  ===============================================*/
void Write_IIC(unsigned char add,unsigned char dat)
{
    Sta();
    Write(0xa0);
    Ask();
    Write(add);
    Ask();
    Write(dat);
    Ask();
    Stp();
}
```

```
/*==============================================================
  Name:        Read_IIC
  Description: 从 I2C 读数据.
================================================================*/
unsigned char Read_IIC(unsigned char add)
{
    unsigned char dat;
    Sta();
    Write(0xa0);
    Ask();
    Write(add);
    Ask();
    Sta();
    Write(0xa1);
    Ask();
    dat = Read();
    Stp();
    return dat;
}


/*==============================================================
  Name:        Send
  Description: 给 PC 回发数据.
================================================================*/
void Send(unsigned char dat)
{
    ES=0;
    SBUF=dat;
    while(!TI);
    TI=0;
    ES=1;
}


/*==============================================================
  Name:        Show
  Description: 显示函数.
================================================================*/
void Show()
{
    thr       P0=smg[x/16];
    Delay(21);
    fou       P0=smg[x%16];
    Delay(21);
```

```
        cls                              //关闭位选
    }


/*==========================================================

  Name:        Cycle
  Description: 循环执行.
  =========================================================*/
void Cycle()
{
    while(1)
    {
        Show();
        if(re)
        {
            re=0;
            Send(x);                //给 PC 回发数据
            Write_IIC(0x00,x);      //接收的数据存入 I2C
        }
    }
}


/*==========================================================

  Name:        main
  Description: 主函数.
  =========================================================*/
void main()
{
    x = Read_IIC(0x00);            //开机时从 I2C 中读取数据
    Init_Uart();
    Cycle();
}


/*==========================================================

  Name:        Uart_Isr
  Description: 串口中断服务函数.
  =========================================================*/
void Uart_Isr()interrupt 4
{
    RI=0;
    x=SBUF;
    re=1;
}
// =========================================================
```

// *** END OF FILE ***

// ==

步骤三：调试程序

根据任务控制要求，对编写好的程序进行调试，直至无误，生成.hex文件。

步骤四：下载程序并运行

将编译好的.hex文件利用串口下载线或者是专用烧写器存储到单片机内部ROM中，运行程序，观察现象是否跟预期一致。

4、任务检查与评价

整个任务完成之后，检测一下完成的效果，具体的测评细则见表3-3-2。

表3-3-2 任务完成情况的测评细则

一级指标	比　例	二级指标	比　例	得　分
电路板制作	30%	1. 元器件布局的合理性	5%	
		2. 布线的合理性、美观性	2%	
		3. 焊点的焊接质量	3%	
		4. 电路板的运行调试	20%	
程序设计及调试	40%	1. 开发软件的操作、参数的设置	2%	
		2. 控制程序具体设计	25%	
		3. 程序设计的规范性	3%	
		4. 程序的具体调试	10%	
通电实验	20%	1. 程序的下载	5%	
		2. 程序的运行情况，现象的正确性	15%	
职业素养与职业规范	10%	1. 材料利用效率，耗材的损耗	2%	
		2. 工具、仪器、仪表使用情况，操作规范性	5%	
		3. 团队分工协作情况	3%	
总计		100%		

【思考与练习】

1. 简述I2C总线的特点。

2. 简述I2C总线的数据传输过程。

3. 构建一个基于AT24CO2的多设备的I2C总线系统。

学习单元四　单总线接口技术

【任务目标】

1. 了解单总线结构和工作原理。
2. 了解 DS18B20 内部结构。
3. 掌握 DS18B20 工作步骤。
4. 掌握 DS18B20 的通信协议。

【预备知识】

目前常用的微机与外设之间进行数据传输的串行总线主要有 I2C 总线与 SPI 总线，根据前面章的学习，我们了解到这些总线至少需要两条或两条以上的信号线。

一、单总线简介

1-wire 即单线总线，又叫单总线。单总线是 Maxim 全资子公司 Dallas 的一项专有技术，与目前多数标准串行数据通信方式不同，它采用单根信号线既传输时钟又传输数据，而且数据传输是双向的，具有节省 I/O 口线资源、结构简单、成本低廉、便于总线扩展和维护等诸多优点。

单总线适用于单主机系统，能够控制一个或多个从机设备。主机可以是微控制器，从机是单总线器件，它们之间的数据交换只需要一条信号线。当只有一个从机设备时，系统可按单节点系统操作。当有多个从机设备时，系统则按多节点系统操作。

二、单总线典型应用

顾名思义，单总线只有一根数据线。设备（主机或从机）通过一个漏极开路或三态端口连接至该数据线，这样允许设备在不发送数据时释放数据总线，以便总线被其他设备所使用。单总线端口为漏极开路，其典型应用电路如图 3-4-1 所示。

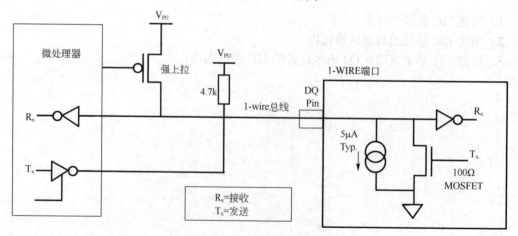

图 3-4-1　单总线典型应用电路

单总线要求外接一个约 4.7kΩ 的上拉电阻，这样，单总线的空闲状态为高电平。不管什么原因，如果在传输过程需要暂时挂起，且要求传输过程还能够继续的话，则总线必须处于空闲状态。位传输之间的恢复时间没有限制，只需要总线在恢复期间处于空闲状态（高电平）。

如果总线保持低电平超过 480μs，总线上的所有器件将复位。另外，在寄生方式供电时，为了保证单总线器件在某些工作状态下（如温度转换期间、E2PROM 写入等）具有足够的电源电流，必须在总线上提供强上拉（图 3-4-1 所示的 MOSFET）。

三、单总线命令序列

典型的单总线命令序列如下。

第一步：初始化。

第二步：ROM 命令（跟随需要交换的数据）。

第三步：功能命令（跟随需要交换的数据）。

每次访问单总线器件，必须严格遵守这个命令序列，如果出现序列混乱，则单总线器件不会响应主机。但是，这个准则对于搜索 ROM 命令和报警搜索命令例外，在执行两者中任何一条命令之后，主机不能执行其后的功能命令，必须返回至第一步。

1. 初始化

基于单总线上的所有传输过程都是以初始化开始的。初始化过程由主机发出的复位脉冲和从机响应的应答脉冲组成，应答脉冲使主机知道总线上有从机设备且准备就绪。复位和应答脉冲的时序详见单总线通信协议部分。

2. ROM 命令

在主机检测到应答脉冲后，就可以发出 ROM 命令。这些命令与各个从机设备的唯一 64 位 ROM 代码相关，当允许主机在单总线上连接多个从机设备时，指定操作某个从机设备。这些命令还允许主机能够检测到总线上有多少个从机设备以及其设备类型，或者有没有设备处于报警状态。从机设备可支持 5 种 ROM 命令（实际情况与具体型号有关），每种命令长度为 8 位。主机在发出功能命令之前必须送出合适的 ROM 命令。

（1）搜索 ROM[F0H]

当系统初始上电时，主机必须找出总线上所有从机设备的 ROM 代码。这样，主机就能够判断出从机的数目和类型。主机通过重复执行搜索 ROM 循环（搜索 ROM 命令跟随着位数据交换），以找出总线上所有的从机设备。如果总线只有一个从机设备，则可以采用读 ROM 命令来替代搜索 ROM 命令。在每次执行完搜索 ROM 循环后，主机必须返回至命令序列的第一步，即初始化。ROM 搜索过程只是一个简单的三步循环程序，即

① 读一位。

② 读该位的补码。

③ 写入一个期望的数据位。

主机对总线上的每一个从机都重复这样的三步循环程序，当对某个从机完成这三步之后，主机就能够知晓该器件的 ROM 信息，剩下的设备数量及其 ROM 代码通过相同的操作即可获得。

（2）读 ROM[33H] (仅适合于单节点)

该命令仅适用于总线上只有一个从机设备。它允许主机直接读出从机的 64 位 ROM 代码，而无须执行搜索 ROM 过程。如果该命令用于多节点系统，则必然发生数据冲突，因为每个从机设备都会响应该命令。

（3）匹配 ROM[55H]

匹配 ROM 命令跟随 64 位 ROM 代码，从而允许主机访问多节点系统中某个指定的从机设备。仅当从机完全匹配 64 位 ROM 代码时，才会响应主机随后发出的功能命令，其他设备

将处于等待复位脉冲状态。

（4）跳越 ROM[CCH]（仅适合于单节点）

主机能够采用该命令同时访问总线上的所有从机设备，而无须发出任何 ROM 代码信息。例如，主机通过在发出跳越 ROM 命令后跟随转换温度命令[44H]，就可以同时命令总线上所有的从机开始工作，这样大大节省了主机的时间。值得注意的是，如果跳越 ROM 命令跟随的是读暂存器[BEH]的命令（包括其他读操作命令），则该命令只能应用于单节点系统，否则将由于多个节点都响应该命令而引起数据冲突。

（5）报警搜索[ECH]（仅少数 1-wire 器件支持）

除那些设置了报警标志的从机响应外，该命令的工作方式完全等同于搜索 ROM 命令。该命令允许主机设备判断哪些从机设备发生了报警（如最近的测量温度过高或过低等）。同搜索 ROM 命令一样，在完成报警搜索循环后，主机必须返回至命令序列的第一步。

3. 功能命令

在主机发出 ROM 命令以访问某个指定的设备后，接着就可以发出该设备支持的某个功能命令。这些命令允许主机写入或读出该设备的暂存器，从而对设备进行初始化等设置。

四、单总线通信协议

所有的单总线器件要求采用严格的通信协议，以保证数据的完整性。该协议定义了几种信号类型，如复位脉冲、应答脉冲、写 0、写 1、读 0 和读 1。所有这些信号除了应答脉冲以外，都由主机发出同步信号。并且在发送所有的命令和数据时，都是字节的低位在前，这一点与多数串行通信格式不同（多数为字节的高位在前）。

1. 初始化序列（复位脉冲和应答脉冲）

单总线上的所有通信都是以初始化序列开始，包括主机发出的复位脉冲和从机的应答脉冲，如图 3-4-2 所示。当从机发出响应主机的应答脉冲时，即向主机表明它处于总线上，且准备就绪。在主机初始化过程中，主机通过拉低单总线至少 480μs，以产生（Tx）复位脉冲，接着主机释放总线并进入接收模式（Rx）。当总线被释放后，4.7kΩ 上拉电阻将单总线拉高，在单总线器件检测到上升沿后，延时 15~60 μs，接着通过拉低总线 60~240 μs 以产生应答脉冲。

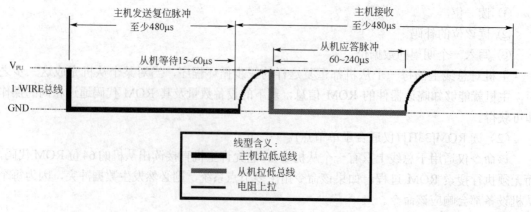

图 3-4-2　单总线初始化时序图

2. 读/写时隙

在写时隙期间，主机向单总线器件写入数据。在读时隙期间，主机读入来自从机的数据。

在每一个时隙，总线只能传输一位数据。

（1）写时隙

存在两种写时隙，即写 1 和写 0。主机采用写 1 时隙向从机写入 1，而采用写 0 时隙向从机写入 0。所有写时隙至少需要 60 μs，且在两次独立的写时隙之间至少需要 1 μs 的恢复时间。两种写时隙均起始于主机拉低总线，如图 3-4-3 所示。

产生写 1 时隙的方式为，主机在拉低总线后接着必须在 15 μs 之内释放总线，由 4.7kΩ 上拉电阻将总线拉至高电平。

产生写 0 时隙的方式为，在主机拉低总线后，只需在整个时隙期间保持低电平即可（至少 60μs）。

在写时隙起始后 15～60μs 期间，单总线器件采样总线电平状态，如果在此期间采样为高电平，则逻辑 1 被写入该器件，如果采样为低电平，则逻辑 0 被写入该器件。

（2）读时隙

单总线器件仅在主机发出读时隙时才向主机传输数据，因此，在主机发出读数据命令后，必须马上产生读时隙，以便从机能够传输数据。所有读时隙至少需要 60 μs，且在两次独立的读时隙之间至少需要 1 μs 的恢复时间。每个读时隙都由主机发起，至少拉低总线 1 μs，如图 3-4-3 所示。

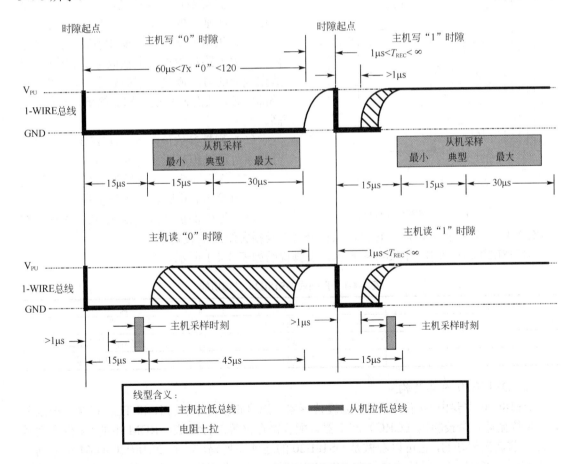

图 3-4-3　主机读/写时隙时序图

在主机发起读时隙之后，单总线器件才开始在总线上发送 0 或 1。若从机发送 1，则保持总线为高电平，若发送 0，则拉低总线。当发送 0 时，从机在该时隙结束后释放总线，由上拉电阻将总线拉回至空闲状态（高电平）。从机发出的数据在起始时隙之后，保持有效时间 15 μs，因此，主机在读时隙期间必须释放总线，并且在时隙起始后的 15 μs 之内采样总线状态。

五、DS18B20 温度传感器简介

1. DS18B20 概述

DS18B20是 DALLAS（达拉斯）公司生产的一款超小体积、超低硬件开销，抗干扰能力强、精度高、附加功能强的温度传感器。DS18B20 温度传感器有如下优点。

（1）采用单总线的接口方式，仅需一条线即可实现微处理器与 DS18B20 的双向通信。适合于恶劣环境的现场温度测量，使用方便，使用户可轻松地组建传感器网络，为测量系统的构建引入全新概念。

（2）测量温度范围宽，测量精度高。DS18B20 的测量范围为−55～125℃，在−10～85℃范围内，精度为±0.5℃。

（3）在使用中不需要任何外围元件。

（4）支持多点组网功能。多个 DS18B20 可以并联在唯一的单总线上，实现多点测温。

（5）供电方式灵活。DS18B20 可以通过内部寄生电路从数据线上获取电源。因此，当数据线上的时序满足一定的要求时，可以不接外部电源，从而使系统结构更简单，可靠性更高。

（6）测量参数可配置。DS18B20 的测量分辨率可通过程序设定为 9~12 位。

（7）负压特性。当电源极性接反时，温度计不会因发热而烧毁，但不能正常工作。

（8）掉电保护功能。DS18B20 内部含有 E2PROM，在系统掉电以后，它仍可保存分辨率及报警温度的设定值。

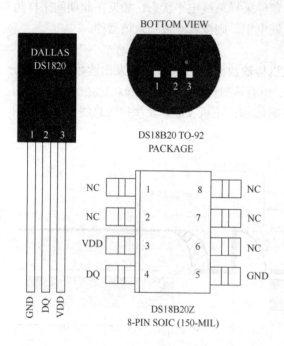

图 3-4-4　DS18B20 外观图

DS18B20 芯片外观如图 3-4-4 所示，引脚说明如表 3-4-1 所示。

表 3-4-1　直插式 DS18B20 引脚功能

引　脚	符　号	说　明
1	GND	接地
2	DQ	数据输入/输出引脚
3	VDD	可选的 VDD 引脚

2. DS18B20 内部结构

DS18B20 主要由 64 位 ROM、温度传感器、温度报警除法器 TH 和 TL、存储与控制逻辑、8 位循环冗余校验码（CRC）产生器、配置寄存器等部分组成。ROM 中的 64 位序列号是出厂前被光刻好的，它可以看做是 DS18B20 的地址序列码，每个 DS18B20 的 64 位序列号均不相同。ROM 的作用是使每一个 DS18B20 都各不相同，这样就可以实现一根总线上挂接多个 DS18B20 的目的。DS18B20 内部结构图如图 3-4-5 所示。

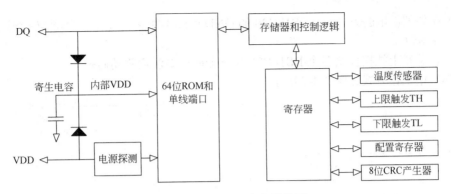

图 3-4-5 DS18B20 内部结构图

3. DS18B20 供电方式

DS18B20 有两种供电方式。一种是寄生电源方式,在该方式下,在信号线处于高电平期间,将能量储存在内部寄生电容里,在信号线处于低电平期间,消耗电容上的电能工作,直到高电平再次到来。寄生电源工作方式如图 3-4-6 所示。要想使 DS18B20 进行精确的温度转换,I/O 线必须保证在温度转换期间提供足够的能量。由于每个 DS18B20 在温度转换期间工作电流达到 1mA,当几个温度传感器挂在同一根 I/O 线上进行多点测温时,只靠 4.7kΩ 上拉电阻无法获得足够的能量,会造成无法正常工作或测量的温度误差极大。为了使 DS18B20 在动态转换周期中获得足够的电流供应,用 MOSFET 把 I/O 线直接拉到 VCC 就可提供足够的电流。在强上拉方式下,可以解决电流供应不足的问题,因此也适合于多点测温应用,缺点是需要多占用一根 I/O 口线进行强上拉切换。

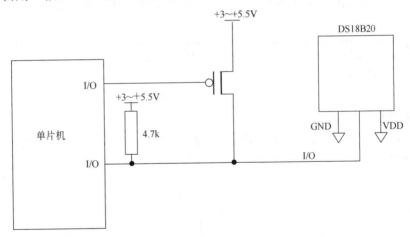

图 3-4-6 DS18B20 寄生电源工作方式

值得注意的是,当采样温度高于 100℃ 时,不能使用寄生电源。因为此时器件中有较大的漏电流,会使总线不能可靠地检测高低电平,从而导致数据传输误码率的增大。

另外一种是外部供电方式。外部供电方式是从 VDD 引脚接入一个外部电源。在外部电源供电方式下,DS18B20 工作电源由 VDD 引脚接入,此时 I/O 线不需要强上拉,不存在电源电流不足的问题,可以保证转换精度。当电源电压 VCC 降到 3V 时,依然能够保证温度测量精度。DS18B20 在外部电源供电方式下,工作稳定可靠,抗干扰能力强,而且电路也比较简单,还可以开发出稳定可靠的多点温度监控系统。在此供电方式下,需要注意以下两个方面的问题。

（1）在外部供电的方式下，DS18B20 的 GND 引脚不能悬空 ，否则不能转换温度，读取的温度总是 85℃。

（2）在总线上挂接任意多个 DS18B20 传感器时需要注意驱动问题。

外部供电工作方式如图 3-4-7 所示。

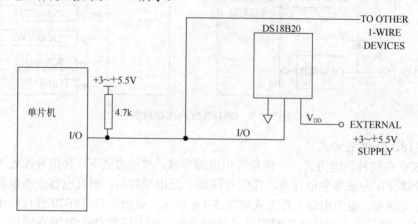

图 3-4-7　DS18B20 外部供电工作方式

4. 64 位光刻 ROM

光刻 ROM 中的 64 位序列号是出厂前被光刻好的，它可以看作是该 DS18B20 的地址序列码。64 位光刻 ROM 的数据排列格式如图 3-4-8 所示。最低 8 位是产品类型标号，接着的 48 位是该 DS18B20 自身的序列号，最高 8 位是前面 56 位的循环冗余校验码。光刻 ROM 的作用是使每一个 DS18B20 都各不相同，这样就可以实现一根总线上挂接多个 DS18B20 的目的。

8 位 CRC 编号		48 位序列号		8 位产品系列编号	
MSB	LSB	MSB	LSE	MSB	LSB

图 3-4-8　64 位光刻 ROM

5. 测量温度的转换

DS18B20 通过使用在板（on-board）温度测量专利技术来测量温度。温度测量电路方框图如图 3-4-9 所示。

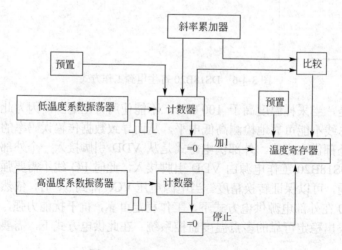

图 3-4-9　DS18B20 温度测量电路

DS18B20 内部对此计算的结果可提供 0.5℃的分辨率。温度以 16bit 带符号位扩展的二进制补码形式提供，温度值和输出数据的关系如表 3-4-2 所示。

测得的数据存储在两个 8 bit 的 RAM 中，二进制中的最高 5 位是符号位。如果测得的温度大于 0，则这 5 位为 0，只要将测到的数值乘以 0.0625 即可得到实际温度。如果温度小于 0，则这 5 位为 1，测到的数值需要取反加 1 后再乘以 0.0625 得到实际温度。数据通过单线接口以串行方式传输。

表 3-4-2　温度/数据关系

温　　度	数据输出（二进制）	数据输出（十六进制）
+125℃	0000 0111 1101 0000	07D0H
+85℃	0000 0101 0101 0000	0550H
+25.0625℃	0000 0001 1001 0001	0191H
+10.125℃	0000 0000 1010 0010	00A2H
+0.5℃	0000 0000 0000 1000	0008H
0℃	0000 0000 0000 0000	0000H
−0.5℃	1111 1111 1111 1000	FFF8H
−10.125℃	1111 1111 0101 1110	FF5EH
−25.0625℃	1111 1110 0110 1111	FE6FH
−55℃	1111 1100 1001 0000	FC90H

6．存储器

DS18B20 温度传感器的存储器组织如图 3-4-10 所示。存储器由一个高速暂存 RAM 和一个非易失性的可电擦除 E2PROM 组成，后者存放高温度触发器 TH、低温度触发器 TL 和配置寄存器，暂存存储器有助于在单线通信时确保数据的完整性，数据首先写入暂存存储器，当数据被校验之后，利用复制暂存存储器的命令把数据传送到 E2PROM 中。

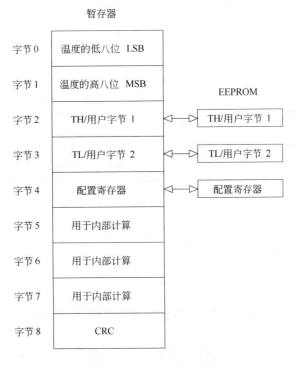

图 3-4-10　存储器结构图

暂存存储器包含了 9 个连续字节，第一个字节的内容是温度的低八位，第二个字节是温度的高八位。第三个和第四个字节是 TH、TL 的易失性拷贝，第五个字节是配置寄存器的易失性拷贝，这三个字节的内容在每一次上电复位时被刷新，第六、七、八个字节用于内部计算，第九个字节是冗余检验字节。

配置寄存器如表 3-4-3 所示，其低五位一直都是 1。TM 用于设置 DS18B20 是处于工作模式还是测试模式。出厂时该位被设置为 0，用户不要去改动。R1 和 R0 用来设置分辨率，出厂时被设置为 12 位，其不同组合的功能意义如表 3-4-4 所示。

表 3-4-3　DS18B20 配置寄存器

TM	R1	R0	1	1	1	1	1
MSb							LSb

表 3-4-4　配置寄存器配置位说明

RS1	RS0	分辨率	温度最大转换时间
0	0	9 位	93.75ms
0	1	10 位	187.5ms
1	0	11 位	375ms
1	1	12 位	750ms

7. DS18B20 功能命令

DS18B20 的功能命令如表 3-4-5 所示。这些命令允许主机写入或读出 DS18B20 暂存器以及启动温度转换。

表 3-4-5　DS18B20 功能命令集

命　令	描　　述	命令代码	发送命令后单总线上的响应信息	注释
温度转换命令				
转换温度	启动温度转换	44h	无	1
存储器命令				
读暂存器	读全部的暂存器内容，包括 CRC 字节	BEh	DS18B20 传输多达 9 个字节至主机	2
写暂存器	写暂存器第 2、3 和第 4 个字节的数据（即 TH、TL 和配置寄存器）	4Eh	主机传输 3 个字节数据至 DS18B20	3
复制暂存器	将暂存器中的 TH、TL 和配置字节复制到 E2PROM 中	48h	无	1
回读 E2PROM	将 TH、TL 和配置字节从 E2PROM 回读至暂存器中	B8h	DS18B20 传送回读状态至主机	

注：1. 在温度转换和复制暂存器数据至 E2PROM 期间，主机必须在单总线上允许强上拉，并且在此期间，总线上不能进行其他数据传输。

2. 通过发出复位脉冲，主机能够在任何时候中断数据传输。

3. 在复位脉冲发出前，必须写入全部的三个字节。

【应用案例】

利用 DS18B20 实现简易温度计（只设计正温度的检测，数码管显示，只显示整数值）。

（1）硬件原理图

根据本学习单元前面内容所述，DS18B20 与单片机的接口电路如图 3-4-11 所示。DS18B20 的输出引脚为 2 号引脚，与单片机 P2.7 相连。

（2）程序流程图

本例程序设计流程图如图 3-4-12 所示。

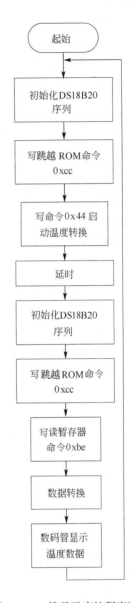

图 3-4-12　简易温度计程序流程图

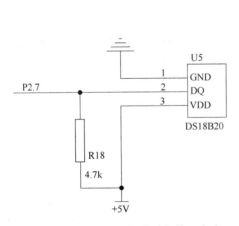

图 3-4-11　DS18B20 与单片机接口电路

（3）软件代码

STC89C51RC 单片机内部没有集成单总线协议，因此要实现对 DS18B20 的控制，需要利用单片机 I/O 口模拟实现 DS18B20 通信时序。

根据流程图，参考程序如下所示。

```
#include <reg51.h>
#include <intrins.h>
sbit P21 = P2^1;
sbit P20 = P2^0;
sbit dq   = P2^7;
```

```
unsigned char data smg[10] = {0xc0,0xf9,0xa4,0xb0,0x99,0x92,0x82,0xf8,
0x80,0x90};
unsigned char temp = 0;
/*===============================================================
 Name:          Snop
 Description: 延时函数.     8 个机器周期延时
===============================================================*/
void Snop()
{
    _nop_();
    _nop_();
    _nop_();
    _nop_();
    _nop_();
    _nop_();
    _nop_();
    _nop_();
}


/*===============================================================
 Name:          Delay
 Description: 延时函数.        0.2ms
===============================================================*/
void Delay(unsigned char t)          //   0.2ms * t     参考
{
    unsigned char time;
    do
    {
        time = 100;
        while(--time);
    }
    while(--t);
}

/*===============================================================
 Name:          Init_B20
 Description: DS18B20 初始化.
===============================================================*/
void Init_B20()
{
    dq=1;
    dq=0;
    Delay(3);
```

```
        dq=1;
        while(dq);
        Delay(1);
        dq=1;
}


/*===================================================
    Name:          Write
    Description: DS18B20 写字节.
==================================================*/
void Write(unsigned char dat)
{
    unsigned char i=0;
    for(i=0;i<8;i++)
    {
        dq=0;
        Snop();
        dq=(bit)(dat&0x01);              //先写低位
        dat>>=1;
        Snop();
        Snop();
        dq=1;
    }
}


/*===================================================
    Name:          Read
    Description: DS18B20 读字节.
==================================================*/
unsigned char Read()
{
    unsigned char i;
    unsigned char dat;
    for(i=0;i<8;i++)
    {
        dq=0;
        dat>>=1;
        dq=1;
        if(dq)
            dat|=0x80;                 // 先读低位
        Snop();
        Snop();
        dq=1;
```

```
    }
        return dat;
    }
```

```
/*===============================================================
  Name:       Read_Temp
  Description: 读取温度.
===============================================================*/
void Read_Temp()
{
    unsigned char i,j;
    Init_B20();
    Write(0xcc);
    Write(0x44);
    Delay(5);
    Init_B20();
    Write(0xcc);
    Write(0xbe);
    i = Read();                // 低位
    j = Read();                // 高位
    temp=(j*256+i)*0.0625;
}
```

```
/*===============================================================
  Name:         Show
  Description: 显示函数.
===============================================================*/
void Show()
{
    P0   = 0xff;
    P20 = 1;
    P21 = 0;
    P0   = smg[temp/10];
    Delay(21);

    P0   = 0xff;
    P21 = 1;
    P20 = 0;
    P0   = smg[temp%10];
}
```

```
/*===============================================================
  Name:         Cycle
```

Description: 循环执行.
==*/

```c
void Cycle()
{
    while(1)
    {
        Read_Temp();
        Show();
    }
}


/*==================================================================
 Name:          main
 Description: 主函数.
==================================================================*/

void main()
{
    Cycle();
}
// ================================================================
// *** END OF FILE ***
// ================================================================
```

【巩固与拓展】

1．拓展目标

（1）了解单总线相关原理，灵活运用 DS18B20 实现温度测量。

（2）熟练掌握数码管与液晶显示原理，增强综合编程能力。

（3）熟练利用单片机 I/O 口模拟 DS18B20 通信时序。

（4）完成 DS18B20 与单片机硬件接口的设计、运行及调试。

2．任务描述

任务一：利用 DS18B20 实现简易温度计（数码管显示，精确到 0.01℃）。

任务二：基于 DS18B20 和 LCD1602 的温度计的实现（精确到 0.01℃）。

3．任务实施

（1）实施条件

① "教学做" 一体化教室。

② 电脑（安装有 Keil 软件、ISP 下载软件）、串口下载线或专用程序烧写器，作为程序的开发调试以及下载工具。

（2）安全提示

① 焊接电路时注意规范操作电烙铁，防止因为操作不当导致受伤。焊接单个引脚持续时间不要超过 5s。

② 上电前一定要进行电路检测，将桌面清理干净，防止桌面残留的焊锡、剪掉的元器件引脚引起电路板短路，特别是防止电源与地短路导致芯片损坏。

③ 上电后不能够用手随意触摸芯片，防止芯片受损。

④ 规范操作万用表、示波器等检测设备，防止因为操作不当损坏仪器。

（3）实施步骤

步骤一：硬件准备工作

准备好焊接所需的镊子、导线、电烙铁、相关电子元器件、焊接用的电路板，根据图3-4-11、图3-1-9、图2-1-19及图2-2-6所示焊接电路，利用万用表、示波器等设备对焊接的电路板进行调试，确保电路板焊接准确无误。

步骤二：编写程序

① 编写程序流程图。拓展任务一程序流程图见图 3-4-12，拓展任务二程序流程图见图3-4-13。

② 利用电脑在 Keil 开发环境下编程，参考程序如下所示。

拓展任务一参考程序：

```c
#include <reg51.h>
#include <intrins.h>

sbit P23 = P2^3;
sbit P22 = P2^2;
sbit P21 = P2^1;
sbit P20 = P2^0;

#define one {P0=0xff;P23=0;P22=1;P21=1;P20=1;}
//  四位数码管显示
#define two {P0=0xff;P23=1;P22=0;P21=1;P20=1;}
#define thr {P0=0xff;P23=1;P22=1;P21=0;P20=1;}
#define fou {P0=0xff;P23=1;P22=1;P21=1;P20=0;}
#define cls {P0=0xff;P23=1;P22=1;P21=1;P20=1;}
//  关闭位选
sbit dq = P2^7;
unsigned char data smg[] = {0xc0,0xf9,0xa4,0xb0,0x99,
0x92,0x82,0xf8,0x80,0x90};

/*===========================================
Name:         Delay
Description:  延时函数.      0.2ms
============================================*/
void Delay(unsigned char t)         //   0.2ms * t   参考
{
    unsigned char time;
    do
    {
        time=100;
        while(--time);
    }
```

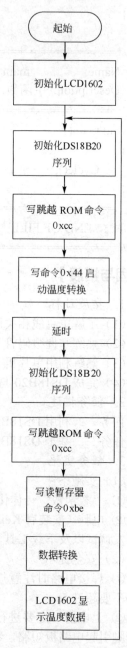

图 3-4-13 拓展任务二程序流程图

流程图内容：
起始 → 初始化LCD1602 → 初始化DS18B20序列 → 写跳越 ROM 命令 0xcc → 写命令 0x44 启动温度转换 → 延时 → 初始化 DS18B20 序列 → 写跳越 ROM 命令 0xcc → 写读暂存器命令 0xbe → 数据转换 → LCD1602 显示温度数据

```
        while(--t);
    }


/*================================================
  Name:           Snop
  Description: 8 个机器周期延时.
================================================*/
void Snop()
{
    _nop_();
    _nop_();
    _nop_();
    _nop_();
    _nop_();
    _nop_();
    _nop_();
    _nop_();
}


/*================================================
  Name:           Init
  Description: 复位 DS18B20.
================================================*/
void Init()
{
    dq=1;
    dq=0;
    Delay(3);
    dq=1;
    while(dq);
    Delay(1);
    dq=1;
}


/*================================================
  Name:           Write
  Description: 向 DS18B20 写数据.
================================================*/
void Write(unsigned char dat)
{
    unsigned char i;
    for(i=0;i<8;i++)
    {
```

```
            dq=0;
            Snop();
            dq=dat&0x01;
            Snop();
            Snop();
            dat>>=1;
            dq=1;
        }
}
```

```
/*==============================================
 Name:          Read
 Description: 从 DS18B20 读数据.
 ==============================================*/
unsigned char Read()
{
    unsigned char i,dat;
    for(i=0;i<8;i++)
    {
        dq=0;
        dat>>=1;
        dq=1;
        if(dq)
            dat|=0x80;
        Snop();
        Snop();
        dq=1;
    }
    return dat;
}
```

```
/*==============================================
 Name:          Get_Temp
 Description: 获取温度值.
 ==============================================*/
unsigned int Get_Temp()
{
    unsigned char i,j;
    unsigned int temp;
    Init();
    Write(0xcc);
    Write(0x44);
    Delay(5);
```

```
    Init();
    Write(0xcc);
    Write(0xbe);
    i = Read();
    j = Read();
    temp = (j*256+i)*6.25;
    return temp;
}
```

```
/*==========================================================
  Name:          Show
  Description: 显示函数.
  ==========================================================*/
void Show()
{
    unsigned int i;
    i = Get_Temp();              //  获取温度值
    one        P0 = smg[i/1000];
    Delay(21);
    two        P0 = smg[i/100%10]&0x7f;
    Delay(21);
    thr        P0 = smg[i/10%10];
    Delay(21);
    fou        P0 = smg[i%10];
    Delay(11);
    cls                          //  关闭位选
}
```

```
/*==========================================================
  Name:          Cycle
  Description: 循环执行.
  ==========================================================*/
void Cycle()
{
    while(1)
    {
        Show();
    }
}
```

```
/*==========================================================
  Name:          main
  Description: 主函数.
```

```
void main()
{
    Cycle();
}
// =================================================
// *** END OF FILE ***
// =================================================
```

拓展任务二参考程序：

```
#include <reg51.h>
#include <intrins.h>
sbit rs=P1^0;
sbit rw=P1^1;
sbit en=P1^2;
sbit dq=P2^7;
unsigned char dat1[] = "NOW TEMP IS :";    //      第一行
unsigned char dat2[] = "0123456789.";      //      第二行


/*=================================================

  Name:          Delay
  Description: 延时函数.      0.2ms
=================================================*/
void Delay(unsigned char t)
{
    unsigned char time;
    do
    {
        time = 100;
        while(--time);
    }
    while(--t);
}


/*=================================================

  Name:          Snop
  Description: 8 个机器周期延时.
=================================================*/
void Snop()
{
    _nop_();
    _nop_();
    _nop_();
    _nop_();
```

```
        _nop_();
        _nop_();
        _nop_();
        _nop_();
}
```

```
/*===============================================
   Name:          Init_B20
   Description: 复位 DS18B20.
  ===============================================*/
void Init_B20()
{
    dq=1;
    dq=0;
    Delay(3);
    dq=1;
    while(dq);
    Delay(1);
    dq=1;
}
```

```
/*===============================================
   Name:          Write_B20
   Description: 向 DS18B20 写数据.
  ===============================================*/
void Write_B20(unsigned char dat)
{
    unsigned char i;
    for(i=0;i<8;i++)
    {
        dq=0;
        Snop();
        dq=dat&0x01;
        Snop();
        Snop();
        dat>>=1;
        dq=1;
    }
}
```

```
/*===============================================
   Name:          Read_B20
```

Description: 读取 DS18B20 数据.
===*/

```c
unsigned char Read_B20()
{
    unsigned char i,dat;
    for(i=0;i<8;i++)
    {
        dq=0;
        dat>>=1;
        dq=1;
        if(dq)
            dat|=0x80;
        Snop();
        Snop();
        dq=1;
    }
    return dat;
}
```

```
/*=================================================
    Name:           Get_Temp
    Description: 读取温度数据.
=================================================*/
```

```c
unsigned int Get_Temp()
{
    unsigned int temp;
    unsigned char i,j;
    Init_B20();
    Write_B20(0xcc);
    Write_B20(0x44);
    Delay(5);
    Init_B20();
    Write_B20(0xcc);
    Write_B20(0xbe);
    i = Read_B20();
    j = Read_B20();
    temp=(j*256+i)*6.25;
    return temp;
}
```

```
/*=================================================
    Name:           Write_Lcd_C
```

Description: 向 lcd 写命令.

```
==============================================================*/
void Write_Lcd_C(unsigned char com)
{
    en=0;
    rw=0;
    rs=0;
    P0=com;
    en=1;
    Delay(1);
    en=0;
    rs=1;
    rw=1;
}


/*==============================================================
    Name:           Write_Lcd_D
    Description: 向 lcd 写数据.
==============================================================*/
void Write_Lcd_D(unsigned char dat)
{
    en=0;
    rw=0;
    rs=1;
    P0=dat;
    en=1;
    Delay(1);
    en=0;
    rs=0;
    rw=1;
}


/*==============================================================
    Name:           Init_Lcd
    Description: 初始化 lcd.
==============================================================*/
void Init_Lcd()
{
    Write_Lcd_C(0x38);
    Write_Lcd_C(0x0c);
    Write_Lcd_C(0x06);
    Write_Lcd_C(0x01);
}
```

```
/*========================================================
    Name:            Show
    Description: 显示.
========================================================*/
void Show()
{
    unsigned char i;
    unsigned int j;
    j = Get_Temp();                    //   读取温度
    Write_Lcd_C(0x80);
    for(i=0;i<13;i++)                  //   显示第一行
    {
        Write_Lcd_D(dat1[i]);
    }
    Write_Lcd_C(0xc0);
    Write_Lcd_D(dat2[j/1000]);    //   显示温度值
    Write_Lcd_D(dat2[j/100%10]);
    Write_Lcd_D(dat2[10]);
    Write_Lcd_D(dat2[j/10%10]);
    Write_Lcd_D(dat2[j%10]);
}


/*========================================================
    Name:            Cycle
    Description: 循环执行.
========================================================*/
void Cycle()
{
    while(1)
    {
        Show();
    }
}


/*========================================================
    Name:            main
    Description: 主函数.
========================================================*/
void main()
{
    Init_Lcd();
    Cycle();
```

```
    }
// ===================================================
// *** END OF FILE ***
// ===================================================
```

步骤三：调试程序

根据任务控制要求，对编写好的程序进行调试，直至无误，生成.hex文件。

步骤四：下载程序并运行

将编译好的.hex文件利用串口下载线或者是专用烧写器存储到单片机内部ROM中，运行程序，观察现象是否跟预期一致。

4. 任务检查与评价

整个任务完成之后，检测一下完成的效果，具体的测评细则见表3-4-6。

表3-4-6　任务完成情况的测评细则

一级指标	比例	二级指标	比例	得分
电路板制作	30%	1. 元器件布局的合理性	5%	
		2. 布线的合理性、美观性	2%	
		3. 焊点的焊接质量	3%	
		4. 电路板的运行调试	20%	
程序设计及调试	40%	1. 开发软件的操作、参数的设置	2%	
		2. 控制程序具体设计	25%	
		3. 程序设计的规范性	3%	
		4. 程序的具体调试	10%	
通电实验	20%	1. 程序的下载	5%	
		2. 程序的运行情况，现象的正确性	15%	
职业素养与职业规范	10%	1. 材料利用效率，耗材的损耗	2%	
		2. 工具、仪器、仪表使用情况，操作规范性	5%	
		3. 团队分工协作情况	3%	
总计		100%		

【思考与练习】

1. 简述单总线的特点。
2. 简述DS18B20的单线数据传输过程。
3. DS18B20有几种供电方式？区别在哪里？
4. 利用DS18B20，结合单片机设计一个超温报警系统。

项目四 AD/DA 接口技术

【学习目标】

1. 了解 AD/DA 转换的原理及有关参数；
2. 掌握 AD 芯片 ADC0809 及 TLC549 的转换性能以及控制方法；
3. 掌握 DA 芯片 DAC0832 及 DAC7512 的转换性能以及控制方法；
4. 掌握 ADC0809、TLC549、DAC0832 及 DAC7512 与单片机接口原理以及编程方法。

【预备知识】

一、A/D 与 D/A 简介

在自动控制领域中，常由单片机进行实时控制及数据处理。单片机只能加工和处理数字量，而被控制和测量的对象的相关参量通常是模拟量，如温度、速度以及压力等，且这些物理量通过传感器、变换器转换的电信号也是模拟量。因此，在测量时，有模拟量输入的地方需先将模拟量转换为数字量再交由单片机处理，而在控制时，若需要输出模拟量，则需要进行数字量向模拟量的转换，这样就出现了单片机与 A/D 芯片和 D/A 芯片接口问题。

把连续时间信号转换为与其相对应的数字信号的过程称为 A/D（模拟/数字）转换过程，反之则称为 D/A（数字/模拟）转换过程。A/D 转换包括了采样、量化、编码等过程。

1. 模拟通道接口

单片机的模拟通道包括输入和输出通道。输出通道用于输出控制系统需要的驱动控制信号，而输入通道用于将传感器获取的各种信号经过 A/D 转换后送入单片机。根据单片机的输出信号形式和控制对象的特点，输出通道结构如图 4-1-1 所示。其中，是否需要光电隔离驱动视具体的应用而定。

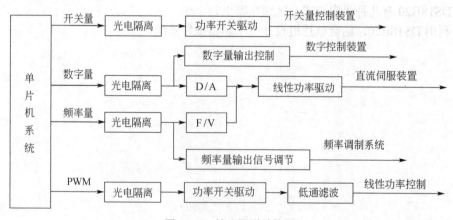

图 4-1-1 输出通道结构图

根据测量要求和传感器输出信号的不同，输入通道的复杂程度和结构形式也不大一样，图 4-1-2 表示了输入通道的结构。

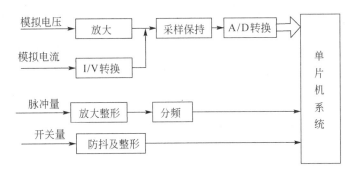

图 4-1-2　输入通道结构图

2. A/D 转换器与 D/A 转换器分类

为了满足多种需要，目前国内外各半导体器件生产厂家设计并生产出了多种多样的 A/D 转换器。仅美国 AD 公司的产品就有几十个系列、近百种型号之多。从性能上讲，它们有的精度高、速度快，有的则价格低廉。从功能上讲，有的不仅具有 A/D 转换的基本功能，还包括内部放大器和三态输出锁存器，有的甚至还包括多路开关与采样保持器，已发展为一个单片的小型数据采集系统。

按转换原理不同，A/D 转换器可分为逐次逼近式、双积分式、V/F 变换式以及并行式等。选择 A/D 转换器主要是从速度、精度和价格上考虑。目前最常用的是双积分式 A/D 转换器和逐次逼近式 A/D 转换器。双积分式 A/D 转换器的主要优点是转换精度高，抗干扰能力强，价格便宜，其缺点是转换速度比较慢，主要应用于对速度要求不高的场合。逐次逼近式 A/D 转换器速度较快、精度较高、价格适中，其转换时间大约在几微秒到几百微秒之间。本书主要介绍常用的 8 位 8 通道逐次逼近式 A/D 转换器 ADC0809 和 8 位 1 通道的逐次逼近式 A/D 芯片 TLC549。

D/A 转换器按照数据输入方式有串行和并行两类，依据输出模拟量的性质又可分为电流输出型和电压输出型两种。本书主要介绍常用的并行 D/A 转换器 DAC0832 与串行 D/A 转换器 DAC7512。

二、A/D 与 D/A 技术指标

1. A/D 转换器的技术指标

（1）分辨率

A/D 转换器的分辨率用其输出二进制数码的位数来表示。位数越多，则量化增量越小，量化误差越小，分辨率也就越高。常用的有 8 位、10 位、12 位、16 位等。

例如，某 A/D 转换器输入模拟电压的变化范围为 $-10 \sim +10\text{V}$，转换器为 8 位，若第一位用来表示正、负符号，其余 7 位表示信号幅值，则最末一位数字可代表 80mV 模拟电压（$10\text{V} \times 1/2\text{e}7 \approx 80\text{mV}$），即转换器可以分辨的最小模拟电压为 80mV。而同样情况，用一个 10 位转换器能分辨的最小模拟电压为 20mV（$10\text{V} \times 1/2\text{e}9 \approx 80\text{mV}$）。

（2）转换精度

具有某种分辨率的转换器在量化过程中由于采用了四舍五入的方法，因此最大量化误差应为分辨力数值的一半。如上例 8 位转换器最大量化误差应为 40mV（$80\text{mV} \times 0.5 = 40\text{mV}$），全量程的相对误差则为 0.4%（$40\text{mV}/10\text{V} \times 100\%$）。可见，A/D 转换器数字转换的精度由最大量化误差决定。实际上，许多转换器末位数字并不可靠，实际精度还要低一些。

（3）转换速度

转换速度是指完成一次转换所用的时间，即从发出转换控制信号开始，直到输出端得到稳定的数字输出为止所用的时间。转换时间越短，A/D 转换器适应输入信号快速变化的能力越强。转换时间越长，转换速度就越低。转换速度与转换原理有关，如逐位逼近式 A/D 转换器的转换速度要比双积分式 A/D 转换器高许多。除此以外，转换速度还与转换器的位数有关，一般位数少的（转换精度差）转换器转换速度高。目前常用的 A/D 转换器转换位数有 8 位、10 位、12 位、16 位等，其转换速度依转换原理和转换位数不同，一般在几微秒至几百毫秒之间。

2．D/A 转换器的技术指标

（1）分辨率

分辨率是指 D/A 转换器能够分辨的最小输出模拟增量，即相邻两个二进制码所对应的输出模拟量（常为电压）的变化量。它反映了输出模拟量的最小变化值。分辨率与输入数字量的位数有确定的关系，可以表示成 $FS/2^n$。FS 表示满量程输入值，n 为 D/A 转换器的二进制位数。对于 5V 的满量程，采用 8 位 D/A 转换器时，分辨率为 5V/256=19.5mV，当采用 12 位的 D/A 转换器时，分辨率为 5V/4096=1.22 mV。根据不同的分辨率，D/A 转换器常可以分为 8 位、10 位和 12 位三种。

（2）建立时间

建立时间是指 D/A 转换器将一个数字量转换为稳定模拟信号所需的时间，也可以认为是转换时间。D/A 中常用建立时间来描述其速度，而不是 A/D 中常用的转换速率。一般地，电流输出 D/A 建立时间较短，电压输出 D/A 则较长。

其他指标还有线性度(Linearity)、转换精度、温度系数/漂移等。

三、常用 A/D 转换器简介

1．A/D 转换芯片 ADC0809

（1）ADC0809 的特点

ADC0809 是典型的 8 位 8 通道模拟多路开关的 CMOS 型逐次逼近式 A/D 转换器，可以和单片机直接接口，在多点巡回检测和过程控制、运动控制中应用十分广泛。其内部逻辑结构如图 4-1-3 所示。

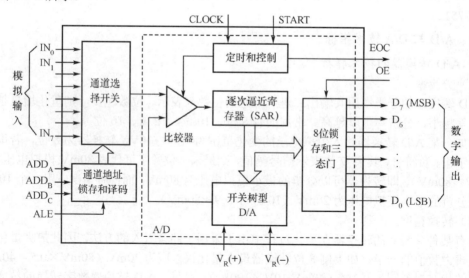

图 4-1-3　ADC0809 内部结构框图

ADC0809 具有如下特点。

① 分辨率为 8 位，误差为 1LSB。

② CMOS 低功耗器件。

③ 当外部时钟输入频率为 640kHz 时，A/D 转换时间为 100μs。

④ 单电源+5V，此时量程为 0~5V。

⑤ 无需零位或满量程调整。

⑥ 使用 5V 或采用经调整模拟间距的电压基准工作。

⑦ 带有锁存控制逻辑的 8 通道多路输入转换开关，便于选择 8 个模拟通道的任何一路进行转换。

⑧ DIP28 封装。

⑨ 带锁存器的三态数据输出。

（2）ADC0809 的引脚功能

ADC0809 为 DIP28 封装，其外观及引脚分布如图 4-1-4 所示。各引脚功能描述如下。

（a）ADC0809 外观图　　　　　　　（b）ADC0809 引脚分布图

图 4-1-4　ADC0809 外观及引脚分布图

① IN_0～IN_7：8 路模拟量输入通道，通过 3 根地址译码线 ADD_A、ADD_B、ADD_C 来选择输入通道。要求输入模拟信号为单极性，电压范围为 0~5V，如果输入信号太小，则需进行信号放大。在 A/D 转换过程中，输入的模拟信号值变化不应太快，否则，应该增加采样保持电路。

② D_0～D_7：A/D 转换完成后的数据输出端，为三态可控输出，故可直接和微处理器数据线连接。D_7 为数据的最高位，D_0 为数据的最低位。

③ ADD_A、ADD_B、ADD_C：地址选择线。用于对 8 路模拟量输入通道进行选择。地址信号与选中通道对应关系如表 4-1-1 所示。

表 4-1-1　地址信号与选中通道的关系

地　　址			被选中的通道
ADD_C	ADD_B	ADD_A	
0	0	0	IN_0
0	0	1	IN_1

地　　址			被选中的通道
ADD$_C$	ADD$_B$	ADD$_A$	
0	1	0	IN$_2$
0	1	1	IN$_3$
1	0	0	IN$_4$
1	0	1	IN$_5$
1	1	0	IN$_6$
1	1	1	IN$_7$

④ V$_R$(+)、V$_R$(-)：正、负参考电压输入端，用来与输入的模拟信号进行比较。在单极性输入时，V$_R$(+)=5V，V$_R$(-)=0V。双极性输入时，V$_R$(+)、V$_R$(-)分别接正、负极性的参考电压作为逐次逼近的基准电压，典型处理方式为单极性输入。

⑤ ALE：地址锁存允许信号，高电平有效。当此信号有效时，ADD$_A$、ADD$_B$、ADD$_C$三位地址信号被锁存，译码选通对应模拟通道。在使用时，该信号常和 START 信号连在一起，以便同时锁存通道地址和启动 A/D 转换。

⑥ START：A/D 转换启动信号。在 START 的上升沿，内部寄存器清 0，在 START 的下降沿，启动 A/D 转换。如正在进行转换时又接到新的启动脉冲，则原来的转换进程被中止。因此，在 A/D 转换期间，START 应该保持低电平。

⑦ EOC：转换结束信号。该信号在 A/D 转换过程中为低电平，为高电平时，表示 A/D 转换结束。该信号可作为被 CPU 查询的状态信号，也可作为对 CPU 的中断请求信号。在需要对某个模拟量不断采样、转换的情况下，EOC 也可作为启动信号反馈接到 START 端，但在刚上电时，需由外电路进行第一次启动控制。

⑧ OE：输出允许信号，高电平有效。当微处理器送出该信号时，ADC0809 的输出三态门被打开，使转换结果通过数据总线 D$_0$～D$_7$ 被读走。当 OE 为低电平 0 时，数据输出线 D$_0$～D$_7$ 呈高阻状态。在中断工作方式下，该信号往往是 CPU 发出的中断请求响应信号。

⑨ CLOCK：时钟输入端，频率为 10～1200kHz，典型值为 640kHz，此时 A/D 转换时间为 100μs。ADC0809 内部没有时钟电路，所需时钟信号由外界提供，因此有时钟信号引脚。

⑩ V$_{CC}$：+5V 电源。

（3）ADC0809 的工作时序

ADC0809 的工作时序如图 4-1-5 所示。当通道选择地址有效时，ALE 信号一出现，地址便马上被锁存，这时转换启动信号紧随 ALE 之后(或与 ALE 同时)出现。START 的上升沿将逐次逼近寄存器 SAR 复位（下降沿启动 A/D 转换），在该上升沿到来后的一段时间内 (一般为 2μs 左右)，EOC 信号将变低电平，以指示转换操作正在进行中，直到 A/D 转换完成后，EOC 再变高电平。微处理器侦测到变为高电平的 EOC 信号后，立即送出 OE 信号，打开三态门，读取转换结果。

（4）ADC0809 与单片机接口的实现

ADC0809 与单片机接口典型连接方式如图 4-1-6 所示。

ADC0809 与单片机接口可以采用查询方式或者中断方式，图 4-1-6 采用中断方式。由于ADC0809 含有三态输出锁存器，其数据输出可以直接连接单片机的 I/O 口。

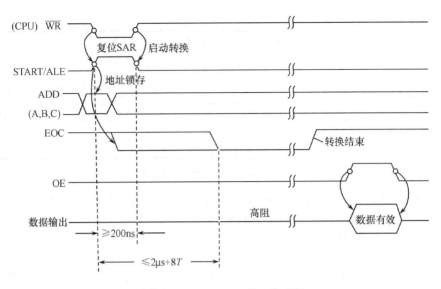

图 4-1-5 ADC0809 的工作时序

注：图 4-1-5 中 T 为机器周期，为了作图方便，A、B、C 依次为 ADDA、ADDB、ADDC 的简写，下文以同样的方式处理。

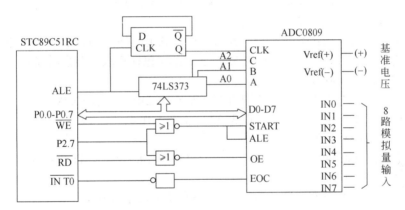

图 4-1-6 ADC0809 与单片机接口方式

　　图中 A、B、C 分别接地址锁存器 74LS373 提供的低三位地址，只要把三位地址写入 ADC0809 中的地址锁存器，就实现了模拟通道选择。为了把三位地址写入 ADC0809 的地址锁存器，还需要提供 ADC0809 端口地址。图中将 ADC0809 作为一个外部扩展端口，使用线选法寻址，端口地址由 P2.7 确定，同时与单片机读信号 $\overline{RD}$ 和写信号 $\overline{WR}$ 相或取反后作为 ADC0809 的选通信号。ADC0809 的通道地址如表 4-1-2 所示。

表 4-1-2 ADC0809 的通道地址

地 址 线	A15A14A13A12A11A10A9A8A7A6A5A4A3A2A1A0		地 址 码
	(P2.7~P2.0)	(P0.7~P0.0)	
	START	C B A	
通道 0 地址	0 × × × × × × × × × × × × ×	0 0 0	7FF8H
通道 1 地址	0 × × × × × × × × × × × × ×	0 0 1	7FF9H
通道 2 地址	0 × × × × × × × × × × × × ×	0 1 0	7FFAH
通道 3 地址	0 × × × × × × × × × × × × ×	0 1 1	7FFBH

地址线	A15A14A13A12A11A10A9A8A7A6A5A4A3A2A1A0		地址码
	(P2.7~P2.0)	(P0.7~P0.0)	
	START	C B A	
通道 4 地址	0 × × × × × × × × × × × × × 1 0 0		7FFCH
通道 5 地址	0 × × × × × × × × × × × × × 1 0 1		7FFDH
通道 6 地址	0 × × × × × × × × × × × × × 1 1 0		7FFEH
通道 7 地址	0 × × × × × × × × × × × × × 1 1 1		7FFFH

注：表中若无关位都取 1，则 8 个通道 IN0~IN7 的地址分别为 7FF8H~7FFFH。

由于 ADC0809 的 ALE 信号与 START 信号连接在一起，这样使得在 ALE 信号上升沿写入地址信号，紧接着在其下降沿就启动 A/D 转换。

2. A4/D 转换芯片 TLC549

（1）TLC549 的特点

TLC549 是美国德州仪器公司生产的一种性价比非常高的 8 位串行 A/D 转换芯片，它以 8 位开关电容逐次逼近的方法实现 A/D 转换，能够方便地采用三线串行接口方式与各种微处理器连接，构成各种廉价的测控应用系统。其主要特征如下。

① 8 位分辨率的 A/D 转换器，总不可调整误差小于 ±0.5LSB。

② 采用三线串行方式与微处理器接口。

③ 片内提供 4MHz 内部系统时钟，并与操作控制用的外部 I/O CLOCK 相互独立。

④ 有片内采样保持电路，转换时间最长为 17μs（包括存取与转换时间）。

⑤ 转换速率高达 40000 次/s。

⑥ 差分高阻抗基准电压输入，范围为 1V≤差分基准电压≤V$_{CC}$+0.2V。

⑦ 具有很宽的工作电源范围，可在 3~6.5V 正常工作。

⑧ 低功耗，典型功耗值为 6mW。

⑨ 工作温度：TLC549C 为 0～70℃，TLC549I 为 –40～85℃，TLC549M 为 –55～125℃。

（2）TLC549 的引脚功能

TLC549 外观及引脚分布如图 4-1-7 所示。各引脚的功能描述如下：

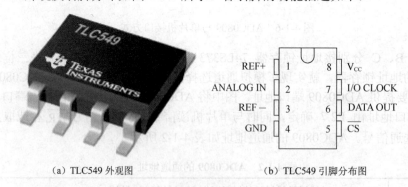

（a）TLC549 外观图　　　　（b）TLC549 引脚分布图

图 4-1-7　TLC549 外观及引脚分布图

① REF+：正基准电压输入端。2.5V≤REF+≤V$_{CC}$+0.1。

② REF–：负基准电压输入端。–0.1V≤REF–≤2.5V，且要求满足（REF+）－（REF–）≥1V。

③ V$_{CC}$：系统电源，3V≤V$_{CC}$≤6V。

④ GND：接地端。

⑤ $\overline{CS}$：芯片选择输入端，要求输入高电平 V$_{IN}$≥2V，输入低电平 V$_{IN}$≤0.8V。

⑥ DATA OUT：转换结果数据串行输出端。与 TTL 电平兼容，输出时高位在前，低位在后。

⑦ ANALOG IN：模拟信号输入端。0≤ANALOG IN≤V$_{CC}$，当 ANALOG IN≥REF+电压时，转换结果为全"1"(0FFH)，ANALOG IN≤REF-电压时，转换结果为全"0"(00H)。

⑧ I/O CLOCK：外接输入/输出时钟输入端，无需与芯片内部系统时钟同步。

（3）TLC549 的工作时序

TLC549 工作时序如图 4-1-8 所示。

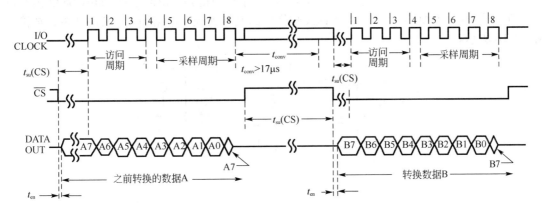

图 4-1-8　TLC549 工作时序图

当 $\overline{CS}$ 为高时，数据输出(DATA OUT)端处于高阻状态，此时 I/O CLOCK 不起作用。这种 $\overline{CS}$ 控制作用允许在同时使用多片 TLC549 时，共用 I/O CLOCK，以减少多路(片)A/D 并用时的 I/O 控制端口。

一组通常的控制时序如下。

① 将 $\overline{CS}$ 置低。内部电路在测得 $\overline{CS}$ 下降沿后，再等待两个内部时钟上升沿和一个下降沿，之后确认这一变化，最后自动将前一次转换结果的最高位(A7)输出到 DATA OUT 端上。

② 前 4 个 I/O CLOCK 周期的下降沿依次移出第 6、5、4 和第 3 个位(A6、A5、A4、A3)，片上采样保持电路在第 4 个 I/O CLOCK 下降沿开始采样模拟输入。

③ 接下来的 3 个 I/O CLOCK 周期的下降沿移出第 2、1、0(A2、A1、A0)个转换位。保持功能将持续 4 个内部时钟周期，然后开始进行 32 个内部时钟周期的 A/D 转换。第 8 个 I/O CLOCK 后，$\overline{CS}$ 必须为高，或 I/O CLOCK 保持低电平，这种状态需要维持 36 个内部系统时钟周期以等待保持和转换工作的完成。如果 $\overline{CS}$ 为低时，I/O CLOCK 上出现一个有效干扰脉冲，则微处理器/控制器将与器件的 I/O 时序失去同步。若 $\overline{CS}$ 为高时出现一次有效低电平，则将使引脚重新初始化，从而脱离原转换过程。

在 36 个内部系统时钟周期结束之前，实施步骤①～③，可重新启动一次新的 A/D 转换，与此同时，正在进行的转换终止，此时的输出是前一次的转换结果而不是正在进行的转换结果。

若要在特定的时刻采样模拟信号，应使第 8 个 I/O CLOCK 时钟的下降沿与该时刻对应，因为芯片虽在第 4 个 I/O CLOCK 时钟下降沿开始采样，却在第 8 个 I/O CLOCK 的下降沿开始保存。

（4）TLC549 与单片机接口的实现

TLC549 通过 I/O CLOCK、DATA OUT 及 $\overline{CS}$ 三个引脚与单片机实现串行接口，实现起

来比较简单，如图 4-1-9 所示。

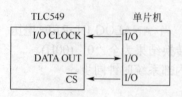

图 4-1-9　TLC549 与单片机接口

四、常用 D/A 转换器简介

1. D/A 转换芯片 DAC0832

（1）DAC0832 的特点

DAC0832 是 8 分辨率的 D/A 转换集成芯片，与微处理器完全兼容。DAC0832 以其价格低廉、接口简单、转换控制容易等优点，在单片机应用系统中得到广泛的应用。DAC0832 由 8 位输入锁存器、8 位 DAC 寄存器、8 位 D/A 转换电路及转换控制电路构成。其内部逻辑结构如图 4-1-10 所示。

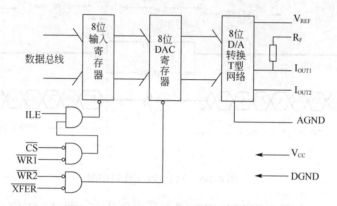

图 4-1-10　DAC0832 内部逻辑结构图

DAC0832 具有如下特点。

① 8 位 D/A 并行转换。

② 片内二级数据锁存，提供数据输入双缓冲、单缓冲、直通三种工作方式。

③ 电流输出型芯片（需外接运放），电流建立时间为 1μs。

④ CMOS 低功耗器件，典型功耗为 20mW。

⑤ 具有双缓冲控制输出。

⑥ 单电源供电,可在+5～+15V 电压下稳定工作，典型工作电压为+5V。

⑦ 基准电压范围为–10～+10V。

⑧ 与单片机接口方便。

（2）DAC0832 的引脚功能

DAC0832 外观及引脚分布如图 4-1-11 所示。各引脚的功能描述如下。

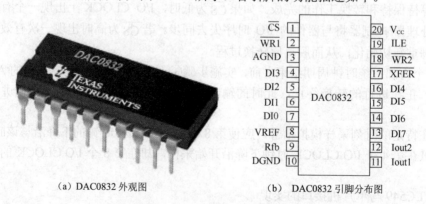

（a）DAC0832 外观图　　　　（b）DAC0832 引脚分布图

图 4-1-11　DAC0832 外观及引脚分布图

① DI0～DI7：8 位数字量数据输入线，TTL 电平，有效时间约为 90ms。

② ILE：数据锁存允许控制信号输入线，高电平有效。

③ $\overline{\text{CS}}$：片选信号输入线，低电平有效。

④ $\overline{\text{WR1}}$：输入寄存器的写选通信号，低电平有效。

⑤ $\overline{\text{XFER}}$：数据传送控制信号输入线，低电平有效。

⑥ $\overline{\text{WR2}}$：DAC 寄存器写选通输入线，低电平有效。

⑦ Iout1 与 Iout2：Iout1 与 Iout2 均为电流输出线，Iout2 与 Iout1 之和为一常数。

⑧ Rfb：反馈信号输入线,芯片内部有反馈电阻。

⑨ V_{CC} 与 VREF：V_{CC} 为电源输入线(+5~+15V)；VREF 为基准电压输入线(–10~+10V)。

⑩ AGND 与 DGND：

AGND 为模拟地，模拟信号和基准电源的参考地；DGND 为数字地，两种地线在基准电源处共地比较好。

（3）DAC0832 的工作方式

由图 4-1-10 可知，DAC0832 主要由 2 个 8 位寄存器和 1 个 8 位 D/A 转换器组成，输入信号要经过这 2 个寄存器才能够进入 D/A 转换器进行 D/A 转换。而与这 2 个寄存器有关的控制信号有 5 个，输入寄存器由 ILE、$\overline{\text{CS}}$ 和 $\overline{\text{WR1}}$ 控制，DAC 寄存器由 $\overline{\text{WR2}}$ 和 $\overline{\text{XFER}}$ 控制。因此，用程序控制这 5 个控制端就可以实现 3 种不同的工作方式，具体如下所述：

单缓冲方式：两个寄存器之一始终处于直通状态，另外一个寄存器处于受控状态。

双缓冲方式：两个寄存器均处于受控状态。

直通方式：当 $\overline{\text{WR1}}=\overline{\text{WR2}}=0$ 时，数据可以从输入端经两个寄存器直接进入 ADC 转换器。这种工作方式用于不带微机的电路中，本教材不做讨论。

（4）DAC0832 与单片机接口的实现

① 单缓冲方式：所谓单缓冲方式就是 DAC0832 的两个输入寄存器中有一个处于直通方式，而另外一个处于受单片机控制的方式，或者是两个输入寄存器同时受到单片机控制的方式。在实际的应用中，如果只有一路模拟量输出，或虽然有几路模拟量，但并不要求同步输出时，就可以采用单缓冲方式。单缓冲方式可以有多种接口方法，其中的一种典型连接电路如图 4-1-12 所示。

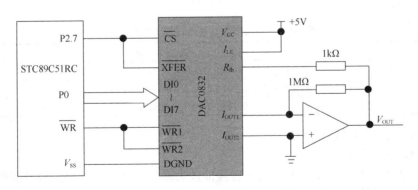

图 4-1-12　DAC0832 单缓冲方式典型连接图

② 双缓冲方式：对于多路 D/A 转换，若要求同步进行 D/A 转换输出时，则必须采用双缓冲方式。例如，使用单片机控制 X-Y 绘图仪。X-Y 绘图仪由 X、Y 两个方向的步进电机驱动，其中一个电机控制绘图笔沿 X 方向运动，另外一个电机控制绘图笔沿 Y 方向运动，从而绘出图形。因此，对 X-Y 绘图仪的控制有两个方面的基本要求，一是需要两路 D/A 转换器

分别给 X 通道和 Y 通道提供模拟信号，二是两路模拟量要同步输出。两路模拟量输出是为了使绘图笔能沿 X-Y 轴做平面运动，而模拟量同步输出则是为了使绘制的曲线光滑。为此就要使用两片 DAC0832，并采用双缓冲方式连接，如图 4-1-13 所示。

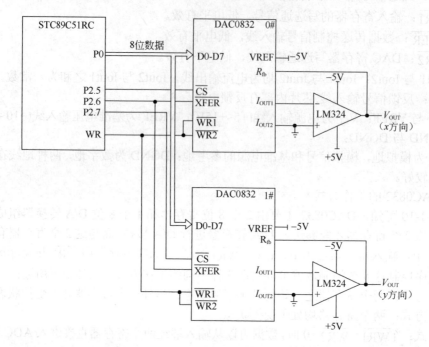

图 4-1-13　DAC0832 双缓冲方式典型连接图

图中，两片 DAC0832 共占据三个单元地址，其中两个输入寄存器各占一个地址，而两个 DAC 寄存器则合用一个地址。编程时，先用指令将 X 坐标数据送到 X 向转换器的输入寄存器，再用指令把 Y 坐标数据送到 Y 向转换器的输入寄存器，最后再用一条指令同时打开两个转换器的 DAC 寄存器进行数据转换，这样，就可以实现 X、Y 两个方向坐标量的同步输出。此程序既可以采用查询方式实现，也可以采用中断方式完成。

表 4-1-3 所示为不同操作功能所对应的端口地址。

表 4-1-3　不同操作功能所对应的端口地址

P2.7	P2.6	P2.5	操作功能	端口地址
0	1	1	1#待转换数据由数据总线送至 1#DAC0832 的第一级锁存	7FFFH
1	1	0	0#待转换数据由数据总线送至 0#DAC0832 的第一级锁存	DFFFH
1	0	1	0#和 1#DAC0832 的第一级锁存器中的数据送各自的第二级锁存	BFFFH

2. D/A 转换芯片 DAC7512

（1）DAC7512 的特点

DAC7512 是 TI 公司生产的具有内置缓冲放大器的低功耗单片 12 位数模转换器。图 4-1-14 是其贴片封装外观与引脚分布示意图，DAC7512 片内高精度输出放大器可获得满幅（供电电源电压与地电压间）任意输出。DAC7512 带有一个时钟达 30MHz 通用三线串行接口，因而可接入高速 DSP。其接口与 SPI、QSPI、Microwire 及 DSP 接口兼容，因而可与 intel 系列单片机、motorola 系列单片机直接连接而无需任何其他接口电路。

由于 DAC7512 串行数模转换器可选择供电电源来作为参考电压，因而具有很宽动态输出范围。

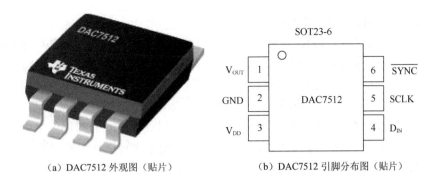

(a) DAC7512 外观图（贴片）　　　　　　　（b) DAC7512 引脚分布图（贴片）

图 4-1-14　DAC7512 外观与引脚分布示意图

DAC7512 主要特点如下。

① 微功耗，5V 时工作电流消耗为 135μA，在掉电模式时，如果采用 5V 电源供电，其电流消耗为 135nA，而采用 3V 供电时，其电流消耗仅为 50nA。

② 供电电压范围为 +2.7～+5.5V。

③ 上电输出复位后输出为 0V。

④ 具有三种关断工作模式可供选择，+5V 电压下功耗仅为 0.7mW。

⑤ 带有低功耗施密特输入串行接口。

⑥ 内置满幅输出缓冲放大器。

⑦ 具有 SYNC 中断保护机制。

（2）DAC7512 的引脚功能

采用 SOT23-5 封装 DAC7512 引脚排列如图 4-1-14 中图(b)所示。其引脚定义如下：

① V_{OUT}：芯片模拟输出电压。

② GND：器件内所有电路地参考点。

③ V_{DD}：供电电源，直流 +2.7～+5.5V。

④ D_{IN}：串行数据输入。

⑤ SCLK：串行时钟输入。

⑥ $\overline{SYNC}$：输入控制信号（低电平有效）。

（3）DAC7512 的内部结构

DAC7512 内部结构框图如图 4-1-15 所示。图中输入控制逻辑用于控制 DAC 寄存器写操作，掉电控制逻辑与电阻网络一起用来设置器件工作模式，即选择正常输出还是把输出端与缓冲放大器断开而接入固定电阻。芯片内缓冲放大器具有满幅输出特性，可驱动 2 kΩ 及 1000pF 并联负载。

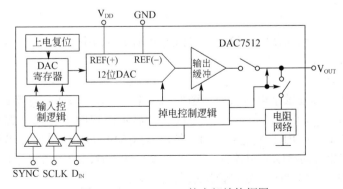

图 4-1-15　DAC7512 的内部结构框图

（4）DAC7512 的接口与工作时序

DAC7512 采用三线制（$\overline{SYNC}$，SCLK 及 D_{IN}）串行接口，其串行写操作时序如图 4-1-16 所示。写操作开始前，$\overline{SYNC}$ 要置低，D_{IN} 数据在串行时钟 SCLK 下降沿依次移入 16 位寄存器。在串行时钟第 16 个下降沿到来时，将最后一位移入寄存器，可实现对工作模式设置及 DAC 内容刷新，从而完成一个写周期操作。此时，$\overline{SYNC}$ 可保持低电平或置高，但在下一个写周期开始前，$\overline{SYNC}$ 必须转为高电平并至少保持 33ns 以便 $\overline{SYNC}$ 有时间产生下降沿来启动下一个写周期。若 $\overline{SYNC}$ 在一个写周期内转为高电平，则本次写操作失败，寄存器强行复位。由于施密特缓冲器在 $\overline{SYNC}$ 高电平时电流消耗大于低电平时电流消耗，因此，在两次写操作之间，应把 $\overline{SYNC}$ 置低以降低功耗。

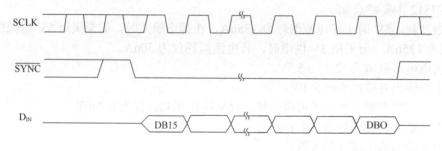

图 4-1-16　DAC7512 的写操作时序

DAC7512 片内移位寄存器宽度为 16 位，其中 DB15、DB14 是空闲位，DB13、DB12 是工作模式选择位、DB11～DB0 是数据位。器件内部带有上电复位电路。上电后，寄存器置 0，所以 DAC7512 处于正常工作模式，模拟输出电压为 0V。

DAC7512 四种工作模式可由寄存器内 DB13、DB12 来控制。其控制关系如表 4-1-4 所示。

表 4-1-4　DAC7512 工作模式配置

DB13	DB12	模　　式	
0	0	工　作　模　式	
0	1	掉电模式	输出端 1kΩ 到地
1	0		输出端 100kΩ 到地
1	1		高阻

掉电模式下，不仅器件功耗要减小，而且缓冲放大器输出级通过内部电阻网络接到 1kΩ、100kΩ 或开路，而且处于掉电模式时，所有线性电路都断开，但寄存器内数据不受影响。

【应用案例】

制作简易数字电压仪（使用 A/D 芯片 TLC549 测量电路中某点电位，并通过单片机的处理后在数码管上显示）。

（1）硬件原理图

实现上述要求的简易数字电压仪原理图如图 4-1-17 所示。P0 口接数码管的七个发光段引脚，P2.0～P2.3 接数码管的位选端口（数码管显示原理图参见第三篇学习单元一中图 3-1-9），单片机的 P1.3～P1.5 则连接 A/D 芯片 TLC549 的功能端口。当与 TLC549 芯片 ANALOGIN 引脚相连的滑动变阻器向右（接地端）移动时，数码管显示电压变小，当滑动变阻器向左（电源端）移动时，数码管显示电压变大。

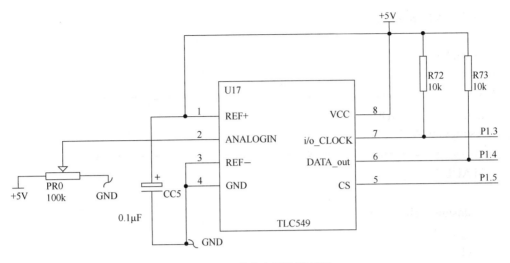

图 4-1-17　数字电压仪原理图

（2）程序流程图

本例流程图如图 4-1-18 所示。

（3）软件代码

根据流程图，参考程序如下所示。

```
#include <reg51.h>
sbit clk=P1^3;
sbit d_o=P1^4;
sbit c_s=P1^5;
sbit P22=P2^2;
sbit P21=P2^1;
sbit P20=P2^0;
#define two {P0=0xff;P22=0;P21=1;P20=1;}
//用到数码管的 3 个位
#define thr {P0=0xff;P22=1;P21=0;P20=1;}
#define fou {P0=0xff;P22=1;P21=1;P20=0;}
unsigned char data smg[]={0xc0,0xf9,0xa4,0xb0,0x99,0x92,
0x82,0xf8,0x80,0x90};
unsigned int v = 0;
/*======================================================
  Name:         Delay
  Description: 延时函数.         0.2 ms
========================================================*/
void Delay(unsigned char t)              //    0.2ms * t
{
    unsigned char time;
    do
    {
        time = 100;
```

图 4-1-18　数字电压仪流程图

（流程图内容）

起始

使能选中数码管个位、十位以及百位

定义变量 dat，根据 AD 转换时序利用 for 循环串行读取转换的 8 位连续数据，赋给 dat

根据芯片分辨率将数据进行处理，处理公式为 dat*(5.0/256)*100

将处理后的数据分别在数码管百位、十位、个位动态显示，精确到小数点后两位

```
            while(--time);
        }
        while(--t);
}
/*=========================================================

    Name:          ADC
    Description: A/D 转换.

 =========================================================*/
void ADC()
{
        unsigned char i,dat;
        c_s = 1;
        clk = 0;
        c_s = 0;
        for(i=0;i<8;i++)
        {
            clk = 1;
            dat <<= 1;
            dat |= d_o;
            clk = 0;
        }
        v = dat*(5.0/256)*100;

}
/*=========================================================

    Name:          Show
    Description: 显示函数.

 =========================================================*/
void Show()
{
        two        P0 = smg[v/100]&0x7f;
        Delay(21);
        thr        P0 = smg[v/10%10];
        Delay(21);
        fou        P0 = smg[v%10];
        Delay(21);
}
/*=========================================================

    Name:          Cycle
    Description: 循环执行.

 =========================================================*/
void Cycle()
{
        while(1)
```

```
        {
            ADC();
            Show();
        }
    }
/*========================================================

 Name:              main
 Description: 主函数.
========================================================*/

void main()
{
    Cycle();
}
// ========================================================
// *** END OF FILE ***
// ========================================================
```

【巩固与拓展】

1. 拓展目标

（1）了解 DAC7512 工作原理，掌握编程方法，能够熟练编写相关控制程序。

（2）完成 DAC7512 与单片机硬件接口的设计、运行及调试。

2. 任务描述

应用 DAC7512 与单片机组成波形发生电路，产生三角波。

3. 任务实施

（1）实施条件

① "教学做" 一体化教室。

② 电脑（安装有 Keil 软件、ISP 下载软件）、串口下载线或专用程序烧写器，作为程序的开发调试以及下载工具。

（2）安全提示

① 焊接电路时注意规范操作电烙铁，防止因为操作不当导致受伤。

② 上电前一定要进行电路检测，将桌面清理干净，防止桌面残留的焊锡、剪掉的元器件引脚引起电路板短路，特别是防止电源与地短路导致芯片损坏。

③ 上电后不能够用手随意触摸芯片，防止芯片受损。

④ 规范操作万用表、示波器等检测设备，防止因为操作不当损坏仪器。

（3）实施步骤

步骤一：硬件准备工作

准备好焊接所需的镊子、导线、电烙铁、相关电子元器件、焊接用的电路板，根据 DAC7512 与单片机接口电路图（图 4-1-19）及图 2-1-19 所示焊接电路，利用万用表、示波器等设备对焊接的电路板进行调试，确保电路板焊接准确无误。

图 4-1-19 中，与 DAC7512 输出引脚 VOUT 相连接的发光二极管亮度会根据产生的三角波电压变化而变化，具体应能观察到发光二极管由暗到亮再由亮到暗的变化过程。

R74 330
VD9
LED
GND
GND
+5V
1
2
3
V_{OUT}
GND
VDD
SYNC
SCLK
DIN
DAC7512
6
5
4
P1.2
P1.1
P1.0

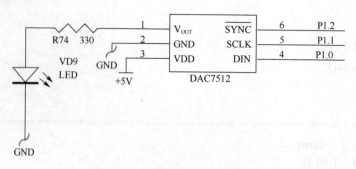

图 4-1-19 波形发生器电路原理图

步骤二：编写程序

① 编写程序流程图。程序流程图参见图 4-1-20 所示。

② 利用电脑在 Keil 开发环境下编程，参考程序如下所示。

起始
位定义
DAC7512引脚
进入循环体
设置12位转换
方式
使能DAC7512
启动转换
读取并处理转
换得到的数据

图 4-1-20 拓展任务程序流程图

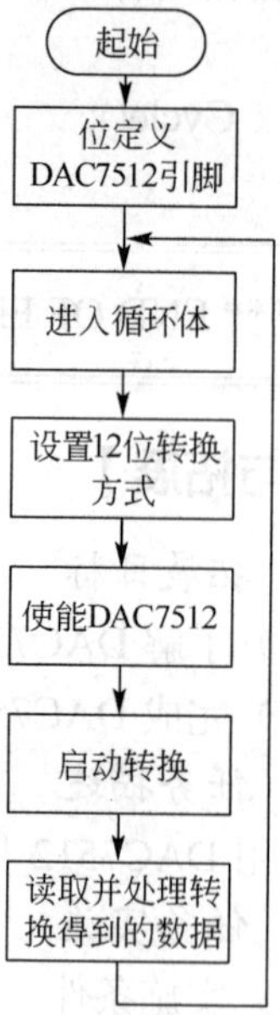

```
#include <reg51.h>
sbit din = P1^0;
sbit clk = P1^1;
sbit syc = P1^2;

/*=====================================================
 Name:          DAC
 Description: DA 转换.
=====================================================*/
void DAC(unsigned int dat)
{
    unsigned char i;
    clk = 1;
    syc = 1;
    clk = 0;
    syc = 0;
    for(i=0;i<16;i++)
    {
        clk = 1;
        din = (bit)(dat&0x8000);
        clk = 0;
        dat <<= 1;
    }
}

/*=====================================================
 Name:          Cycle
 Description: 循环执行.
```

```
=====================================================*/
void Cycle()
{
    unsigned int s;
    while(1)
    {
        for(s=0;s<4096;s++)
        {
            DAC(s);
        }
    }
}


/*=======================================

 Name:            main
 Description: 主函数.

=====================================================*/
void main()
{
    Cycle();
}
// ====================================================
// *** END OF FILE ***
// ====================================================
```

步骤三：调试程序

根据任务控制要求，对编写好的程序进行调试，直至无误，生成.hex 文件。

步骤四：下载程序并运行

将编译好的.hex 文件利用串口下载线或者是专用烧写器存储到单片机内部 ROM 中，运行程序，观察现象是否跟预期一致。

4. 任务检查与评价

整个任务完成之后，检测一下完成的效果，具体的测评细则见表 4-1-5。

表 4-1-5 任务完成情况的测评细则

一级指标	比　例	二级指标	比　例	得　分
电路板制作	30%	1. 元器件布局的合理性	5%	
		2. 布线的合理性、美观性	2%	
		3. 焊点的焊接质量	3%	
		4. 电路板的运行调试	20%	
程序设计及调试	40%	1. 开发软件的操作、参数的设置	2%	
		2. 控制程序具体设计	25%	
		3. 程序设计的规范性	3%	
		4. 程序的具体调试	10%	

续表

一级指标	比例	二级指标	比例	得分
通电实验	20%	1. 程序的下载	5%	
		2. 程序的运行情况，现象的正确性	15%	
职业素养与职业规范	10%	1. 材料利用效率，耗材的损耗	2%	
		2. 工具、仪器、仪表使用情况，操作规范性	5%	
		3. 团队分工协作情况	3%	
总计		100%		

【思考与练习】

1. 利用 TLC549 如何构建水温测试系统？
2. 修改三角波产生程序，产生锯齿波。

项目五 模块化编程

【学习目标】

1. 了解单片机 C 语言模块化编程特点。
2. 理解 C 语言源文件*.c 与头文件*.h 的作用和相互之间的关系。
3. 掌握单片机 C 语言模块化编程的方法。
4. 掌握创建一个多模块(多文件)工程的方法。

【预备知识】

一、为什么要模块化编程

单片机应用系统中，特别对于大型的复杂系统，由于传感器和处理模块非常多，我们可以观察并体会到，随着代码量的增加，将所有代码都放在同一个.c 文件中的做法越发使得程序结构混乱、可读性与可移植性变差，而模块化编程是解决这个问题的常用而有效的方法。总的说来模块化编程具有以下几方面的优点。

（1）在设计阶段即可进行模块化调试，不仅缩短项目开发周期，而且降低系统联调出错风险。

（2）对于通用程序（如延时函数），程序可以反复调用，以此提高源代码的复用率，降低代码所占空间，提高程序可靠性。

（3）提高程序的可读性、可维护性、可移植性，从而延长程序的生命周期，增强程序生命力。每个程序或函数的名称即可表达其功能，因此，在主函数或主调函数中，无需浏览模块函数内的每行代码，即可略知功能特点。

正是基于模块化编程的诸多优点，现代企业的工程师在代码开发过程中绝大多数都是采用模块化编程。

二、模块化编程简介

设计程序的一般过程是，在拿到一个需要解决的问题后，首先对问题进行分析，把问题分成几个部分，然后对这几个部分分别进行分析，进一步求精细化，即将每一部分再分成更细的若干部分，直至分解成容易求解的小问题。因此，原问题的求解可以用这些小问题的求解来实现。

求解小问题的算法和程序称为"功能模块"，各功能模块可以单独设计，然后将求解的所有子问题的模块组合成求解原问题的程序。一个解决大问题的程序，可以分解成多个解决小问题的模块，这是"自顶而下"的程序设计方法。

C 语言程序由函数组成，每个函数可完成相对独立的任务，依照一定的规则调用这些函数，就组成了解决某个特定问题的程序。C 语言程序的结构符合模块化程序设计思想。把大任务分解成若干功能模块后，可用一个或多个 C 语言的函数来实现这些功能模块，通过函数的调用来实现完成大任务的全部功能。任务、模块和函数的关系是，大任务分成功能模块，功能模块则由一个或多个函数实现。因此，C 语言的模块化程序设计是靠设计函数和调用函数实现的。若把复杂的问题分解成许多容易解决的小问题，复杂的问题也就容易解决了。但是如果只是简单地分解任务，不注意对一些子任务的归纳与抽象，不注意模块之间的关系，往往会使模块数太多，模块之间的关系变得复杂，从而使程序的调试、修改变得更加复杂。一般说来，模块设计应该遵从以下几条原则。

1. 模块独立

模块的独立性原则即应保证模块完成独立的功能，模块与模块之间关系简单，修改某一模块，不会造成整个程序的混乱。保证模块的独立性应注意以下几点。

（1）一个模块完成一个相对独立的特定功能。在对任务分解时，要注意对问题的综合。

（2）模块之间的关系力求简单

模块之间最好只通过数据传递发生联系，而不发生控制关系。C 语言中禁止 goto 语句作用到另一函数，就是为了保证函数的独立性。

（3）用与模块独立的变量

模块内的数据禁止被其他模块所使用，这样，对一个模块内的变量的修改不会影响其他模块的数据，即模块的私有数据只属于这个模块。

2. 模块规模适当

模块不要太大，也不要太小。模块太大，其功能势必复杂，可读性就会降低。模块太小，也会增加程序的复杂度。

3. 分解模块要注意层次

要多层次的分解任务，注意对问题的抽象化，开始不要过于注意细节，以后再细化求精。

4. C 语言模块化程序设计需理解的概念

（1）模块即是一个.c 文件和一个.h 文件的结合，头文件(.h)中是对于该模块接口的声明。

（2）模块提供给其他模块调用的外部函数及数据需在.h 中文件中冠以 extern 关键字声明。

（3）模块内的函数和全局变量需在.c 文件开头冠以 static 关键字声明。

（4）不要在.h 文件中定义变量。定义变量和声明变量的区别在于定义会产生内存分配的操作，是汇编阶段的概念，而声明则只是告诉包含该声明的模块在连接阶段从其他模块寻找外部函数和变量。

三、*.c 文件与*.h 文件

1. C 语言源文件*.c

C 语言源文件是 C 语言编程常用的文件，所有的程序代码几乎都放在这个*.c 文件里面。编译器也是以此文件来进行编译并生成相应的目标文件。作为模块化编程的组成基础，所要实现的所有功能的源代码均在这个文件里。理想的模块化应该可以看成是一个黑盒子，即只关心模块提供的功能，而不管模块内部的实现细节。例如，我们买了一部手机，只需要会用手机提供的功能即可，不需要知道它是如何把短信发出去的，同样，也不需要知道它是如何响应我们按键的输入，这些过程对用户而言，就是一个黑盒子。在大规模程序开发中，一个程序由很多个模块组成，这些模块的编写任务可能被分配到不同的人。而你在编写这个模块的时候很可能就需要用到别人写好的模块。这个时候我们关心的是，别人的模块实现了什么样的接口，该如何去调用，至于模块内部是如何组织的，无需过多关注，而追求接口的单一性，把不需要的细节尽可能对外部屏蔽起来，正是模块化编程所需要注意的地方。

2．C 语言头文件 *.h

谈及模块化编程，必然会涉及多文件编译，也就是工程编译。在这样的一个系统中，往往会有多个 C 文件，而且每个 C 文件的作用不尽相同。由于需要对外提供接口，因此必须有一些函数或者是变量提供给外部其他文件进行调用。假设有一个 LCD.C 文件，其提供最基本的 LCD 的驱动函数 LcdPutChar (char cNewValue)，其作用是在当前位置输出一个字符，当在另外一个文件中需要调用此函数，那么该如何做呢？

头文件的作用正是在此，可以称其为一份接口描述文件，其文件内部不应该包含任何实质性的函数代码。可以把这个头文件理解成为一份说明书，说明的内容就是模块对外提供的接口函数或者是接口变量。同时该文件也包含了一些很重要的宏定义以及一些结构体的信息，离开了这些信息，很可能就无法正常使用接口函数或者是接口变量。但总的原则是，不该让外界知道的信息就不应该出现在头文件里，而外界调用模块内接口函数或者是接口变量所必需的信息就一定要出现在头文件里，否则，外界就无法正确地调用接口功能。因而，为了让外部函数或者文件调用接口功能，就必须包含头文件。同时，模块自身也需要包含这份模块头文件(因为其包含了模块源文件中所需要的宏定义或者是结构体)，好比平常所用的文件都是一式三份一样，模块本身也需要包含这个头文件。

下面来定义这个头文件。一般来说，头文件的名字应该与源文件的名字保持一致，这样便可以清晰地知道哪个头文件是哪个源文件的描述。

于是便得到了 LCD.C 的头文件 LCD.h ，其内容如下。

```
#ifndef   _LCD_H_
#define   _LCD_H_
extern LcdPutChar(char cNewValue);
#endif
```

这与在源文件中定义函数时有点类似。不同的是，在其前面添加了 extern 修饰符表明其是一个外部函数，可以被外部其他模块进行调用。

```
#ifndef   _LCD_H_
#define   _LCD_H_
#endif
```

这几条条件编译和宏定义是为了防止重复包含。假如有两个不同源文件需要调用 LcdPutChar(char cNewValue)这个函数，它们分别都通过#include "Lcd.h" 把这个头文件包含了进去。在第一个源文件进行编译时候，由于没有定义过_LCD_H_，因此#ifndef_LCD_H_条件成立，于是定义_LCD_H_，并将下面的声明包含进去。在编译第二个文件时，由于第一个文件包含时，已经将_LCD_H_定义过了，因此#ifndef_LCD_H_不成立，整个头文件内容就没有被包含。假设没有这样的条件编译语句，那么两个文件都包含了 extern LcdPutChar(char cNewValue)，就会引起重复包含的错误。

四、模块化设计步骤

总体说来，模块化设计原则为"高内聚，低耦合"。其中，高内聚的含义是，尽量减少不同文件里函数的交叉引用。尽量做到一个 C 文件里面的函数，只有相互之间的调用，而没有调用其他文件里面的函数。而低耦合指的是，一个完整的系统，模块与模块之间，尽可能的使其独立存在。也就是说，让每个模块，尽可能的独立完成某个特定的子功能。模块与模块之间的接口，尽量的少而简单。

实现多个模块（多文件）的工程的步骤大体为如下几步。

1. 创建头文件

对应于每一个模块，建立一个.c 文件（源文件）和一个.h 文件（头文件）。原则上文件名可以任意命名，但一般遵循如下原则。

① .c 文件与.h 文件同名。

② 文件名要有意义，最好能够体现该文件代码的功能。

例如,延时函数相关的源文件与头文件命名为 delay.c 与 delay.h。在一个.c 文件中的函数只会相互调用，而不调用其他文件的函数，尽量减少不同文件里函数的交叉调用。

2. 防重复包含处理

在.h 文件中加入如下代码。

```
#ifndef xxx
#define xxx
    ...   //此处添加代码
#endif
```

其中的 xxx 原则上可以是任意字符，但同一个工程中各个.h 文件的 xxx 不能相同，因此，一般采用如下方法进行处理。

将.h 文件的文件名全部大写，将"."替换成下划线"_"，首尾各添加 2 个下划线"__"（也可以是一个下划线"_"）作为 xxx。例如，对于 delay.h 文件，其内容如下。

```
#ifndef __DELAY_H__
#define __DELAY_H__
    ...   //此处添加代码
#endif
```

3. 代码封装

将需要模块化的代码封装成函数与宏定义。函数体放在.c 文件中，需要被外部调用的函数还要在.h 文件中声明一下。需要被外部调用的宏定义放在.h 文件中，仅会被当前.c 文件调用的宏定义放在.c 文件中。

尽量少用或不用全局变量，必须要用的全局变量的声明要放在.c 文件中，需要被外部调用的全局变量还要在.h 文件中重新用 extern 修饰声明一下，用来告诉编译器有这个变量的存在（因为编译器的编译过程是按文件依次进行的，连接过程才是各个文件的合并，如果没有这一步 extern 修饰声明就在另一个文件调用了这个变量，编译器会提示没有此变量）。

4. 添加源文件

将.c 文件添加到工程之中，同时在需要调用本.h 文件中的宏或者函数（这里的函数是对应的.c 文件中函数的声明）的其他.c 文件中添加代码，将该.h 文件包含进去（例如#include "delay.h"）。

通过以上步骤的实现，头文件中的函数、宏定义、全局变量可以在包含了对应.h 文件的.c 文件中自由调用使用了。

【应用案例】

案例 1　应用模块化编程技术实现流水灯与蜂鸣器的控制程序（流水灯以 1s 时间间隔流水，同时启动蜂鸣器鸣叫，每次鸣叫时间为 2s）。

（1）硬件原理图

流水灯控制电路图见图 3-1-11，蜂鸣器控制电路图见图 3-1-12。

（2）程序流程图

本例程序设计流程图如图 5-1-1 所示。

（3）软件代码

根据流程图，利用模块化编程技术，具体编程实施如下所示。

① 设计流水灯控制头文件 led.h

具体内容如下。

```
#ifndef _LED_H_
#define _LED_H_
extern void Init_T0();
extern void Init_Led();
extern void Move_Led();
#endif
```

② 设计流水灯控制源程序 led.c

具体代码如下。

```
#include <reg51.h>
#include <intrins.h>
void Init_T0()
{
    TMOD=0x11; //同时为 T0、T1 设置工作
                 方式
    TH0=(65536-50000)/256; //定时 50000 机器
                            周期
    TL0=(65536-50000)%256;
    ET0=1;
    TR0=1;
}

void Init_Led()
{
    P1 = 0xff;           //初始化全灭
}

void Move_Led()
{
    if(P1==0xff)
    {
        P1 = 0xfe;
    }
    else
    {
        P1 = _crol_(P1,1);   //灯流水一次
    }
}
```

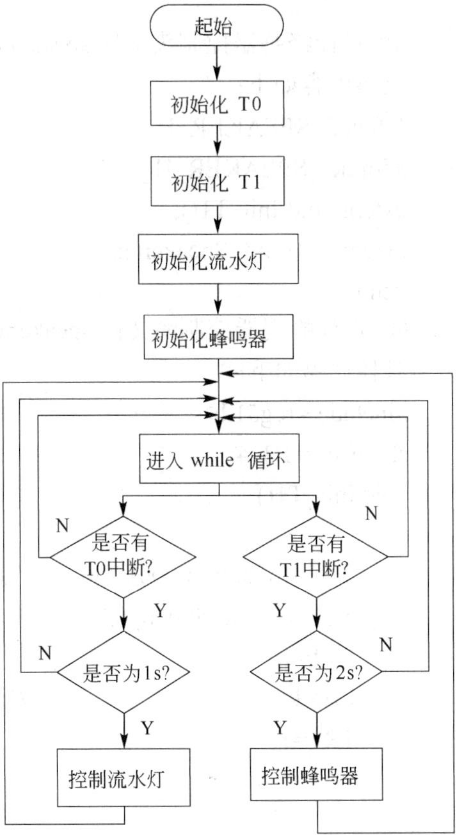

图 5-1-1　流水灯与蜂鸣器控制程序设计流程图

```
}
```

③ 设计蜂鸣器控制头文件 speaker.h

具体内容如下：

```
#ifndef _SPEAKER_H_
#define _SPEAKER_H_
extern void Init_T1();
extern void Init_Speaker();
#endif
```

④ 设计蜂鸣器控制源文件 speaker.c

具体代码如下：

```
#include <reg51.h>
sbit wav = P3^4;
void Init_T1()
{
    TH1=(65536-50000)/256;      //定时 50000 机器周期
    TL1=(65536-50000)%256;
    ET1=1;
    EA=1;                       //开总中断
    TR1=1;
}


void Init_Speaker()
{
    wav = 1;                    //初始化关声音
}
```

⑤ 设计工程主函数 main.c

具体代码如下：

```
#include <reg51.h>
#include "led.h"
#include "speaker.h"
sbit wave = P3^4;
unsigned char x=0;
unsigned char y=0;
unsigned char z=0;
void main()
{
    Init_T0();
    Init_T1();
    Init_Led();
    Init_Speaker();
    while(1);
```

```
}
void T0_Isr()interrupt 1
{
    x++;
    if(x==20)
    {
        x=0;
        Move_Led();              //流水灯
    }
    TH0=(65536-50000)/256;
    TL0=(65536-50000)%256;
}
void T1_Isr()interrupt 3
{
    y++;
    if(y==20)
    {
        y=0;
        z++;
        if(z==20)
        {
            wave=0;              //启动蜂鸣器
        }
        if(z==22)
        {
            wave=1;              //2s 后关闭蜂鸣器
            z=0;
        }
    }
    TH1=(65536-50000)/256;
    TL1=(65536-50000)%256;
}
// ============================================================
// *** END OF FILE ***
// ============================================================
```

案例 2　四位一体数码管显示 0~60s 计时，开机显示 00，时间可调整（利用定时器定时，数码管高 2 位显示，按键 S23 控制时间"加"操作，按键 S24 控制时间"减"操作）。

（1）硬件原理图

四位一体数码管与单片机接口电路见图 3-1-9，独立式键盘电路如图 5-1-2 所示。

（2）程序流程图

本例程序流程图如图 5-1-3 所示。

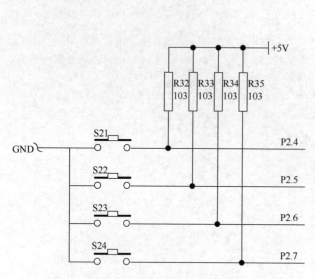

图 5-1-2 独立式按键原理图

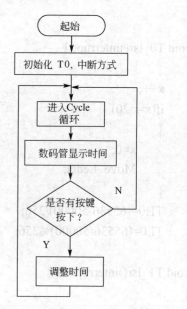

图 5-1-3 按键控制显示 60s 倒计时程序流程图

（3）软件代码

根据流程图，利用模块化编程技术，具体编程实施如下所示。

① 设计数码管显示控制头文件 smg.h

具体内容如下。

```
#ifndef _SMG_H_
#define _SMG_H_
extern void Show(char);
#endif
```

② 设计数码管显示控制源程序 smg.c

具体代码如下：

```
#include <reg51.h>
#include "delay.h"
unsigned char smg[]={0xc0,0xf9,0xa4,0xb0,0x99,0x92,0x82,0xf8,0x80,0x90};
sbit P21 = P2^1;
sbit P20 = P2^0;
/*===============================================================

Name:          Show
 Description: 显示功能.

===============================================================*/
void Show(char x)
{
    P0=0xff;
    P21=0;
    P0=smg[x/10];
    Delay(21);
    P21=1;
```

```
    P0=0xff;
    P20=0;
    P0=smg[x%10];
    Delay(21);
    P20=1;
}
```

③ 设计定时器头文件 timer.h

具体内容如下。

```
#ifndef _TIMER_H_
#define _TIMER_H_
extern void Init_Timer();
#endif
```

④ 设计定时器控制源程序 timer.c

具体代码如下。

```
#include <reg51.h>
/*===================================================

Name:          Init_Timer
 Description: 初始化定时器 T0.

===================================================*/

void Init_Timer()
{
    TMOD = 0x01;
    TH0   = (65536-50000)/256;        //50000 个机器周期
    TL0   = (65536-50000)%256;
    ET0   = 1;
    EA    = 1;
    TR0   = 1;
}
```

⑤ 设计按键控制头文件 control.h

具体内容如下。

```
#ifndef _CONTROL_H_
#define _CONTROL_H_
extern char Deal(char x);
#endif
```

⑥ 设计按键控制源程序 control.c

具体代码如下。

```
#include <reg51.h>
#include "delay.h"
#include "smg.h"
sbit ad=P2^6;        //    加
sbit su=P2^7;        //    减
/*===================================================
Name:          Deal
```

Description: 按键处理.
==*/

```c
char Deal(char x)
{
    if(!ad)
    {
        Delay(33);
        if(!ad)
        {
            x++;
        }
        while(!ad);
    }
    if(!su)
    {
        Delay(33);
        if(!su)
        {
            x--;
        }
        while(!su);
    }
    if(x>60)
        x=0;
    if(x<0)
        x=60;
    return x;
}
```

⑦ 设计用于按键消抖的延时函数头文件 delay.h
具体内容如下。

```c
#ifndef _DELAY_H_
#define _DELAY_H_
extern void Delay(unsigned char);
#endif
```

⑧ 设计用于按键消抖的延时函数源程序 delay.c
具体代码如下。

```c
#include "delay.h"
#include "smg.h"
```

/*==

Name: Delay
Description: 延时函数.

==*/

```c
void Delay(unsigned char t)        //用于按键消抖
```

```
{
    unsigned char time;
    do
    {
        time=100;
        while(--time);
    }
    while(--t);
}
```

⑨ 设计工程主函数 main.c

具体代码如下。

```
#include <reg51.h>
#include "delay.h"
#include "smg.h"
#include "control.h"
#include "timer.h"
unsigned char y=0;
char s=0;
/*===========================================
  Name:          Cycle
  Description: 循环执行.
===========================================*/
void Cycle()
{
    while(1)
    {
        s = Deal(s);
        Show(s);
    }
}

/*===========================================
  Name:          main
  Description: 主函数.
===========================================*/
void main()
{
    Init_Timer();
    Cycle();
}
```

```
/*================================================================

    Name:          T0_Isr
    Description: T0 中断服务程序.
================================================================*/

void T0_Isr()interrupt 1
{
        y++;
        if(y==20)
        {
            y=0;
            s++;
        }
        TH0=(65536-50000)/256;
        TL0=(65536-50000)%256;
}



// ================================================================
// *** END OF FILE ***
// ================================================================
```

【巩固与拓展】

1. 拓展目标

（1）理解并掌握单片机 C 语言模块化编程方法。

（2）掌握 DS1302、DS18B20 和 LCD 1602 的工作原理以及与单片机接口方法。

（3）进一步锻炼 C51 程序设计能力。

（4）完成 DS1302、DS18B20 和 LCD 1602 与单片机硬件接口的设计、运行及调试。

2. 任务描述

设计基于 DS1302、DS18B20 和 LCD 1602 的电子时钟（液晶屏实时显示年、月、日、时、分、秒、星期几、教学周数、当前温度。蜂鸣器整点报时，时间可调整，其中教学周数通过串口设置。通过按键 S21 控制小时的"加"操作，通过按键 S22 控制小时的"减"操作，通过按键 S23 控制时间分的"加"操作，通过按键 S24 控制时间分的"减"操作。开机初始化时间为 12 年，8 月，3 日，周 5，24 小时制 12 时，33 分，33 秒）。

（1）实施条件

① "教学做"一体化教室。

② 电脑（安装有 Keil 软件、ISP 下载软件）、串口下载线或专用程序烧写器，作为程序的开发调试以及下载工具。

（2）安全提示

① 焊接电路时注意规范操作电烙铁，防止因为操作不当导致受伤。焊接单个引脚持续时间不要超过 5s。

② 上电前一定要进行电路检测，将桌面清理干净，防止桌面残留的焊锡、剪掉的元器件引脚引起电路板短路，特别是防止电源与地短路导致芯片损坏。

③ 上电后不能够用手随意触摸芯片，防止芯片受损。

④ 规范操作万用表、示波器等检测设备，防止因为操作不当损坏仪器。

（3）实施步骤

步骤一：硬件准备工作

准备好焊接所需的镊子、导线、电烙铁、相关电子元器件、焊接用的电路板，根据图 2-1-19、图 2-2-6、图 3-1-12、图 3-2-12、图 3-4-11 及图 5-1-2 所示焊接电路，利用万用表、示波器等设备对焊接的电路板进行调试，确保电路板焊接准确无误。

步骤二：编写程序

① 编写程序流程图。程序流程图参见图 5-1-4 所示。

② 利用电脑在 Keil 开发环境下编程，参考程序如下所示。

延时头文件 delay.h：

```
#ifndef _DELAY_H_
#define _DELAY_H_
extern void Delay(unsigned char);
extern void Enop();
#endif
```

延时源程序 delay.c：

```
#include <intrins.h>
/*==============================================
 Name:          Delay
 Description: 延时函数.          0.2ms
 ==============================================*/
void Delay(unsigned char t)     //0.2ms * t   参考
{
    unsigned char time;
    do
    {
        time=100;
        while(--time);
    }
    while(--t);
}
/*==============================================
 Name:          Enop
 Description: 延时函数.
 ==============================================*/
void Enop()              //8 机器周期延时
{
    _nop_();
    _nop_();
    _nop_();
```

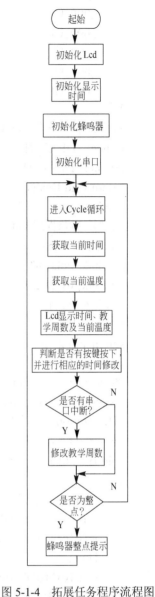

图 5-1-4　拓展任务程序流程图

流程图内容：

- 起始
- 初始化 Lcd
- 初始化显示时间
- 初始化蜂鸣器
- 初始化串口
- 进入 Cycle 循环
- 获取当前时间
- 获取当前温度
- Lcd 显示时间、教学周数及当前温度
- 判断是否有按键按下，并进行相应的时间修改
- 是否有串口中断？ N / Y
- 修改教学周数
- 是否为整点？ N / Y
- 蜂鸣器整点提示

```
        _nop_();
        _nop_();
        _nop_();
        _nop_();
        _nop_();
}
```

按键控制头文件 control.h：

```
#ifndef _DEAL_H_
#define _DEAL_H_
extern void Deal();
#endif
```

按键控制源程序 control.c：

```
#include<reg51.h>
#include"delay.h"
#include"ds1302.h"
sbit h_a=P2^4;
sbit h_s=P2^5;
sbit m_a=P2^6;
sbit m_s=P2^7;
/*==========================================================
  Name:        H_Add
  Description: 小时加.
==========================================================*/
void H_Add()
{
    unsigned char i;
    i=Read_Time(0x85);        //读出时间
    i=(i/16)*10+i%16;     //转化为十进制
    i+=1;                     //加 1
    i=(i/10)*16+i%10;     //转化为十六进制
    if(i>0x23)                //判断是否越界
        i=0;              //越界处理
    Write_Time(0x8e,0x00);//关 写保护
    Write_Time(0x84,i);       //写入新的时间
    Write_Time(0x8e,0x80);//开 写保护
}
/*==========================================================
  Name:        H_Sub
  Description: 小时减.
==========================================================*/
void H_Sub()
{
    char i;
```

```
        i=Read_Time(0x85);
        i=(i/16)*10+i%16;
        i-=1;
        i=(i/10)*16+i%10;
        if(i<0)
            i=0x23;
        Write_Time(0x8e,0x00);
        Write_Time(0x84,i);
        Write_Time(0x8e,0x80);
}
/*=====================================================
Name:       M_Add
 Description: 分加.
=====================================================*/
void M_Add()
{
    unsigned char i;
    i=Read_Time(0x83);
    i=(i/16)*10+i%16;
    i+=1;
    i=(i/10)*16+i%10;
    if(i>0x59)
        i=0;
    Write_Time(0x8e,0x00);
    Write_Time(0x82,i);
    Write_Time(0x8e,0x80);
}
/*=====================================================
 Name:       M_Sub
 Description: 分减.
=====================================================*/
void M_Sub()
{
    char i;
    i=Read_Time(0x83);
    i=(i/16)*10+i%16;
    i-=1;
    i=(i/10)*16+i%10;
    if(i<0)
        i=0x59;
    Write_Time(0x8e,0x00);
    Write_Time(0x82,i);
    Write_Time(0x8e,0x80);
```

```
}
/*==================================================================

 Name:           Deal
 Description: 按键处理.

=================================================================*/
void Deal()
{
    if(!h_a)              //判断按键是否按下
    {
        Delay(33);         //  按键消抖
        if(!h_a)
        {
            H_Add();      //  调用子函数
        }
        while(!h_a);    //  等待按键释放
    }
    if(!h_s)
    {
        Delay(33);
        if(!h_s)
        {
            H_Sub();
        }
        while(!h_s);
    }
    if(!m_a)
    {
        Delay(33);
        if(!m_a)
        {
            M_Add();
        }
        while(!m_a);
    }
    if(!m_s)
    {
        Delay(33);
        if(!m_s)
        {
            M_Sub();
        }
        while(!m_s);
    }
```

```
}
```

DS18B20 头文件 ds18b20.h：

```
#ifndef _DS18B20_H_
#define _DS18B20_H_
extern unsigned int Get_Temp();
#endif
```

DS18B20 源程序 ds18b20.c：

```
#include <reg51.h>
#include "delay.h"
sbit dq=P2^7;
/*==================================================
 Name:                Init_B20
 Description: DS18B20 初始化.
=================================================*/
void Init_B20()
{
    dq=1;
    dq=0;
    Delay(3);
    dq=1;
    while(dq);            //    等待存在脉冲
    Delay(1);
    dq=1;
}
/*==================================================
 Name:                Write_B20
 Description: DS18B20 写字节.
=================================================*/
void Write_B20(unsigned char dat)
{
    unsigned char i;
    for(i=0;i<8;i++)
    {
        dq=0;
        Enop();
        dq=dat&0x01;
        dat>>=1;
        Enop();
        Enop();
        dq=1;
    }
}
/*==================================================
```

```
      Name:              Read_B20
      Description: DS18B20 读字节.
=================================================*/
unsigned char Read_B20()
{
      unsigned char i,dat;
      for(i=0;i<8;i++)
      {
            dq=0;
            dat>>=1;
            dq=1;
            if(dq)
                  dat|=0x80;
            Enop();
            Enop();
            dq=1;
      }
      return dat;
}
/*=================================================
      Name:              Get_Temp
      Description: 读取温度.
=================================================*/
unsigned int Get_Temp()
{
      unsigned char i,j;
      unsigned int x;
      Init_B20();
      Write_B20(0xcc);        //      跳过 rom
      Write_B20(0x44);        //      开始温度转换
      Delay(5);
      Init_B20();
      Write_B20(0xcc);
      Write_B20(0xbe);        //      发读温度命令
      i=Read_B20();
      j=Read_B20();
      x=(j*256+i)*6.25;       //      扩大 100 倍以便处理
      return x;
}
```

DS1302 头文件 ds1302.h:

```
#ifndef _DS1302_H_
#define _DS1302_H_
extern void Write_Time(unsigned char,unsigned char);
```

extern unsigned char Read_Time(unsigned char);

extern void Init_Time();

#endif

DS1302 源程序 ds1302.c

```c
#include <reg51.h>
sbit clk=P3^5;
sbit i_o=P3^6;
sbit rst=P3^7;
/*===================================================
  Name:        Write_1302
  Description: DS1302 写字节.
================================================*/
void Write_1302(unsigned char dat)
{
    unsigned char i;
    for(i=0;i<8;i++)
    {
        clk=0;
        i_o=dat&0x01;
        clk=1;
        dat>>=1;
    }
}
/*===================================================
  Name:        Read_1302
  Description: DS1302 读字节.
================================================*/
unsigned char Read_1302()
{
    unsigned char i,dat;
    for(i=0;i<8;i++)
    {
        clk=1;
        dat>>=1;
        clk=0;
        if(i_o)
            dat|=0x80;
    }
    return dat;
}
/*===================================================
  Name:        Write_Time
  Description: 向 DS1302 写入数据.
```

```
======================================================*/
void Write_Time(unsigned char add,unsigned char dat)
{
    rst=0;
    clk=0;
    rst=1;
    Write_1302(add);
    Write_1302(dat);
    clk=0;
    rst=0;
}
/*======================================================
```

Name: Read_Time
　Description: 从 DS1302 读出数据.

```
======================================================*/
unsigned char Read_Time(unsigned char add)
{
    unsigned char i;
    rst=0;
    clk=0;
    rst=1;
    Write_1302(add);
    i=Read_1302();
    rst=0;
    return i;
}
/*======================================================
```

Name: Set_Time
　Description: 设置时间.

```
======================================================*/
void Set_Time()
{
    Write_Time(0x8e,0x00);    //  关 写保护
    Write_Time(0x8c,0x12);    //  12 年
    Write_Time(0x8a,0x05);    //  周五
    Write_Time(0x88,0x08);    //  8 月
    Write_Time(0x86,0x03);    //  3 号
    Write_Time(0x84,0x12);    //  24 时制 12 时
    Write_Time(0x82,0x33);    //  33 分
    Write_Time(0x80,0x33);    //  33 秒
    Write_Time(0x90,0xa5);    //  使能充电
    Write_Time(0x8e,0x80);    //  开 写保护
}
```

```
/*=========================================
  Name:        Init_Time
  Description: 初始化时间.
========================================*/
void Init_Time()
{
    if(Read_Time(0x91)/16!=10)      // 判断是否设置过充电
    {
        Set_Time();                 //  仅第一次开机执行一次
    }
}
```

LCD1602 头文件 lcd.h：

```
#ifndef _LCD_H_
#define _LCD_H_
extern void Write_Lcd_C(uchar);
extern void Write_Lcd_D(uchar);
extern void Init_Lcd();
#endif
```

LCD1602 源程序 lcd.c：

```
#include <reg52.h>
#include "delay.h"
sbit rs=P1^0;
sbit rw=P1^1;
sbit en=P1^2;
/*=========================================
  Name:          Write_Lcd_C
  Description: 向 lcd 写命令.
========================================*/
void Write_Lcd_C(unsigned char com)
{
    en=0;
    rw=0;
    rs=0;
    P0=com;
    en=1;
    Delay(1);
    en=0;
    rs=1;
    rw=1;
}
/*=========================================
  Name:          Write_Lcd_D
  Description: 向 lcd 写数据.
```

```
================================================*/
void Write_Lcd_D(unsigned char dat)
{
    en=0;
    rw=0;
    rs=1;
    P0=dat;
    en=1;
    Delay(1);
    en=0;
    rs=0;
    rw=1;
}
/*=======================================================
```

Name: Init_Lcd
Description:初始化 lcd.

```
=================================================*/
void Init_Lcd()
{
    Write_Lcd_C(0x38);
    Write_Lcd_C(0x0c);
    Write_Lcd_C(0x06);
    Write_Lcd_C(0x01);
}
```
蜂鸣器控制头文件 speaker.h：
```
#ifndef  _SPEAKER_H_
#define _SPEAKER_H_
extern void Init_Speaker();
extern void Speaker();
#endif
```
蜂鸣器控制源程序 speaker.c：
```
#include <reg51.h>
#include "ds1302.h"
/*======================================================
```

Name: Init_Speaker
Description: 初始化设置定时器.

```
=================================================*/
void Init_Speaker()
{
    TMOD=0x22;        //同时为 T1（用于串口）、T0 设置
    TH0=6;
    TL0=6;
    ET0=1;
```

```
}

/*==============================================================
  Name:           Speaker
  Description: 蜂鸣器控制.
  ==============================================================*/
void Speaker()
{
        if((Read_Time(0x81)||Read_Time(0x83))==0)
//当分、秒同时为零时,说明为整点
    {
            TR0=1;            //启动 T0，开启蜂鸣器
    }
}
```

串口通信头文件 uart.h:

```
#ifndef _UART_H_
#define _UART_H_
extern void Init_Uart();
#endif
```

串口通信源程序 uart.c:

```
#include <reg51.h>

/*==============================================================
  Name:           Init_Uart
  Description: 串口初始化.
  ==============================================================*/
void Init_Uart()
{
    TH1=0xf3;        //波特率 2400
    TL1=0xf3;
    SCON=0x50;
    ES=1;
    EA=1;        //开启总中断
    TR1=1;
}
```

工程主函数 main.c:

```
#include <reg51.h>
#include "ds1302.h"
#include "uart.h"
#include "speaker.h"
#include "lcd.h"
#include "ds18b20.h"
#include "control.h"
sbit wave=P3^4;
```

```
unsigned char s=0;        //计数值
unsigned char w=0;        //串口接收数据
unsigned char date[13]="0123456789-. ";
unsigned char times[7];       //时间数据
unsigned char weeks[2];        //教学周数
/*==============================================================
    Name:           Get_Time
    Description: 获取当前时间.
==============================================================*/
void Get_Time()
{
    times[0]=Read_Time(0x8d);    // 年
    times[1]=Read_Time(0x89);    // 月
    times[2]=Read_Time(0x87);    // 日
    times[3]=Read_Time(0x8b);    // 周
    times[4]=Read_Time(0x85);    // 时
    times[5]=Read_Time(0x83);    // 分
    times[6]=Read_Time(0x81);    // 秒
}
/*==============================================================
    Name:           Show_Time
    Description: 显示当前时间.
==============================================================*/
void Show_Time()
{
    Write_Lcd_C(0x80);                    //第一行
    Write_Lcd_D(date[2]);
    Write_Lcd_D(date[0]);
    Write_Lcd_D(date[times[0]/16]);    // 年
    Write_Lcd_D(date[times[0]%16]);
    Write_Lcd_D(date[10]);
    Write_Lcd_D(date[times[1]/16]);    // 月
    Write_Lcd_D(date[times[1]%16]);
    Write_Lcd_D(date[10]);
    Write_Lcd_D(date[times[2]/16]);    // 日
    Write_Lcd_D(date[times[2]%16]);
    Write_Lcd_D(date[12]);
    Write_Lcd_D(date[times[3]]);    // 周
    Write_Lcd_D(date[12]);
    Write_Lcd_D(date[weeks[0]]);
    Write_Lcd_D(date[weeks[1]]);
    Write_Lcd_C(0xc0);                    // 第二行
    Write_Lcd_D(date[times[4]/16]);    // 时
```

```
        Write_Lcd_D(date[times[4]%16]);
        Write_Lcd_D(date[10]);
        Write_Lcd_D(date[times[5]/16]);      //   分
        Write_Lcd_D(date[times[5]%16]);
        Write_Lcd_D(date[10]);
        Write_Lcd_D(date[times[6]/16]);      //   秒
        Write_Lcd_D(date[times[6]%16]);
}
/*==============================================================
 Name:             Show_Temp
 Description: 显示当前温度.
==============================================================*/
void Show_Temp()
{
        unsigned int t;
        t=Get_Temp();                //获取温度
        Write_Lcd_C(0xca);
        Write_Lcd_D(date[t/1000]);
        Write_Lcd_D(date[t/100%10]);
        Write_Lcd_D(date[11]);
        Write_Lcd_D(date[t/10%10]);
        Write_Lcd_D(date[t%10]);
}
/*==============================================================
 Name:             Display
 Description: lcd 显示.
==============================================================*/
void Display()
{
        Get_Time();
        Show_Time();
        Show_Temp();
}
/*==============================================================
 Name:             Cycle
 Description: 循环函数.
==============================================================*/
void Cycle()
{
        while(1)
        {
```

```
                Display();
                Deal();
                Speaker();
            }
    }
/*=====================================================================
    Name:           main
    Description: 主函数.
 =====================================================================*/
void main()
{
    Init_Lcd();
    Init_Time();
    Init_Speaker();
    Init_Uart();
    Cycle();
}
/*=====================================================================
    Name:           T0_Isr
    Description: T0 中断服务子程序.
 =====================================================================*/
void T0_Isr()interrupt 1
{
    wave=0;            //    启动蜂鸣器报时
    s++;
    if(s==255)         //    一段时间后停止
    {
        s=0;
        TR0=0;
        wave=1;
    }
}
/*=====================================================================
    Name:           Uart_Isr
    Description: 串口中断服务子程序.
 =====================================================================*/
void Uart_Isr()interrupt 4
//PC 端用字符格式发送教学周数（如 02），长度为两位数
{
    RI=0;
    weeks[w]=SBUF-0x30;
```

```
        w++;
        if(w==2)
        {
                w=0;
        }
}
```

步骤三：调试程序

根据任务控制要求，对编写好的程序进行调试，直至无误，生成.hex文件。

步骤四：下载程序并运行

将编译好的.hex文件利用串口下载线或者是专用烧写器存储到单片机内部ROM中，运行程序，观察现象是否跟预期一致。

3．任务检查与评价

整个任务完成之后，检测一下完成的效果，具体的测评细则见表5-1-1。

表5-1-1 任务完成情况的测评细则

一级指标	比例	二级指标	比例	得分
电路板制作	30%	1.元器件布局的合理性	5%	
		2.布线的合理性、美观性	2%	
		3.焊点的焊接质量	3%	
		4.电路板的运行调试	20%	
程序设计及调试	40%	1.开发软件的操作、参数的设置	2%	
		2.控制程序具体设计	25%	
		3.程序设计的规范性	3%	
		4.程序的具体调试	10%	
通电实验	20%	1.程序的下载	5%	
		2.程序的运行情况，现象的正确性	15%	
职业素养与职业规范	10%	1.材料利用效率，耗材的损耗	2%	
		2.工具、仪器、仪表使用情况，操作规范性	5%	
		3.团队分工协作情况	3%	
总计		100%		

【思考与练习】

1．简述单片机C语言模块化编程特点。

2．简述C语言源文件*.c与头文件*.h的作用和相互之间的关系。

3．简述多模块(多文件)工程的创建方法。

项目六 单片机应用系统设计与开发

【学习目标】

1. 掌握单片机应用系统开发的一般方法。
2. 通过应用案例掌握单片机应用系统的设计方法和技能。

【预备知识】

单片机应用系统的开发过程一般包括总体设计、硬件设计、软件设计和系统调试四个阶段。

一、总体设计

如同计算机系统，单片机应用系统也是由硬件和软件构成。硬件和软件只有紧密配合、协调一致，才能组成高性能的单片机应用系统。在总体方案设计过程中，对软件和硬件进行分工是一个首要环节。原则上，能够由软件来完成的任务就尽可能由软件来实现，以降低硬件成本，简化硬件结构。同时，还要求大致规定各接口电路的地址、软件的结构和功能、各种通信协议、程序的驻留区域及工作缓冲区等。总体方案一旦确定，系统的大致规模及软件的基本框架就确定了。

1. 确定系统的功能和技术指标

单片机应用系统的开发过程是以确定系统的功能和技术指标开始的。首先要细致分析、研究实际问题，明确系统的功能和技术指标，综合考虑系统的先进性、可靠性、可维护性以及成本、经济效益等，拟订出合理可行的性能指标。

2. 单片机选型

市场上单片机的种类和型号繁多，多种单片机均可完成相同功能和技术指标。单片机选型时应该注意以下几个方面的问题。

（1）市场货源

即考虑所选用的单片机型号必须具有通用性，也就是需要要有稳定、充足的货源。

（2）单片机的性能

根据应用系统的要求，选择最容易实现产品技术指标的单片机类型。

（3）研制周期

选择最熟悉的单片机型号和元器件，能够缩短系统研制周期。

3. 其他器件的选型

除了单片机以外，系统中可能还有模拟电路、I/O 接口电路等器件，均需要考虑其实用性和可靠性方面的要求。

4. 硬件和软件的功能划分

系统的硬件配置和软件设计是紧密联系在一起的，在某些场合，硬件和软件具有一定的互换性。采用硬件完成一些功能，虽然能够提高速度，但是会增加系统成本，因此，一般大批量生产时能够用软件实现的功能尽量由软件完成，以降低系统设计成本。

5. 选择合适的设计与开发工具

要进行单片机的应用开发，必须具有相应的软硬件设计和开发的工具。

二、硬件设计

硬件设计是指应用系统的电路设计，包括单片机、存储器、I/O 接口、A/D 与 D/A 转换电路、控制电路等。硬件设计时，应该考虑留有余量，因为在系统调试中不易修改硬件结构，所以电路设计力求正确无误。硬件设计时应该注意下面几个问题。

1. 程序存储器与数据存储器

目前单片机内部的存储器容量逐级递增，已能够满足用户程序容量和数据容量的要求。因此，应该尽量选用片内 ROM 和 RAM 符合设计需求的单片机，并留有一定余量，当存储器容量较大时，编程空间更加宽裕，价格相差也不会太多。

2. I/O 接口及 A/D 和 D/A 转换电路

原则上不建议扩展外部 I/O，A/D 和 D/A 转换电路主要根据精度、速度和价格来选型，当然也需考虑与系统连接是否方便。

3. 总线驱动能力

51 系列单片机的外部扩展功能很强，但是其并行口的负载能力是有限的。在实际的应用中，这些端口的负载不应该超过总负载能力的 70%，以保证留有一定的余量。如果满载，会降低系统的抗干扰能力。在外接负载较多的情况下，如果负载是 CMOS 芯片，因负载消耗电流很小，所以影响不大。如果是驱动较多的 TTL 电路，则应该采用总线驱动电路，以提高端口的驱动能力和抗干扰能力。

数据总线宜采用双向 8 路三态缓冲器 74LS245 等作为总线驱动器，地址和控制总线可采用单向 8 路三态缓冲器 74LS244 等作为单向总线驱动器。

4. 抗干扰措施

单片机应用系统的工作环境往往都是具有多种干扰源的现场，因而抗干扰措施在硬件电路设计和程序设计中显得很重要。抗干扰设计涉及很多方面的领域，比如模拟地、数字地、机壳地的处理，模拟电路和数字电路的设计、布局，防电磁干扰等，限于篇幅，本教材不做深入讲解，读者可以参阅相关资料。

三、软件设计

在单片机应用系统研制中，软件设计一般是难度较大、任务最重的环节。软件设计的一般方法与步骤如下。

1.系统的定义

在软件设计前，首先要明确软件所要完成的任务，然后结合硬件电路，进一步弄清软件所承担的具体任务。系统定义主要有以下几点。

（1）定义 I/O 接口的功能。

（2）合理分配存储空间。

（3）定义数据暂存区标志单元。

（4）按键、开关等输入量的定义。

2. 软件设计

单片机的应用系统软件设计千差万别，不存在统一模式。在开发一个较复杂的软件时，明智的方法是尽可能采用模块化结构。根据系统软件的总体构思，按照先粗后细的方法，先把整个系统软件划分成多个功能独立、大小合适的模块。应该明确规定各模块的功能，尽量使每个模块功能单一，各模块间的接口信息简单、接口关系统一。然后根据系统功能及操作过程，绘制出各个模块的程序流程图。然后对各模块进行分别设计、编程和调试，最后再将各程序模块连接成一个完整的程序进行总调试。

四、系统调试

系统调试包括硬件调试与软件调试。硬件调试的任务是排除系统的硬件电路故障，包括设计性错误和公益性故障。软件调试是利用开发工具进行在线仿真、在系统调试，除发现和解决程序错误外，也可以发现硬件故障。

程序调试一般是一个模块一个模块地进行，一个子程序一个子程序地调试，最后连接成一个完整的程序进行统调。在调试过程中，要不断调整、修改系统的硬件和软件，直到其正确为止。统调运行正常后，将软件固化到单片机 ROM 中，并在现场投入使用，检验其功能、性能指标、可靠性和抗干扰能力，直到完全满足要求，系统才算研制成功。

【应用案例】

设计实现教室 LED 智能照明节能系统。

（1）总体设计

该教室照明控制系统的底层监控系统由在远端监控室的主控机和分布在各个教室的从机组成，主控机与各从机之间利用 485 总线通信。主控机主要负责系统各个任务的管理和调度，同时给用户提供操作方便的简单人机交互界面。分布在各个教室的从机主要负责实现教室 LED 灯具的智能控制，以及执行由监控室主控机发过来的对 LED 灯具的控制命令。

该系统以教室照明的照度指标为约束条件，用室内时变照度和照度补偿的方法实现 LED 灯的能量优化。具有如下功能。

① 照度测量，进而确定是否有照明需求。

② 测量是否有人进入教室，进而确定是否有照明需求。

③ 测量人在教室的哪个区域，进而对该区域的灯具进行控制。

④ 具有灯具亮度自动调节功能。

⑤ 具有开机对灯具故障自动监测功能,也可以利用主控机上的按键手动远程控制从机进行灯具故障检测，能够实现对故障实时远程报修。

⑥ 手机远程监控。管理员可以远程通过发短信息的方式来强制点亮或者强制关闭所有或个别的灯具。

⑦ 监控室主控机远程监控。主控机界面菜单式显示，管理员在监控室可以通过按键一键强制关闭或点亮所有灯具。也可以通过按键选择性的强制点亮或关闭部分灯具。

⑧ 可以根据作息时间，定时关闭所有教室灯具，管理员可以在主机上设置教室开放与禁用时间，禁用期间内 LED 灯具处于强制熄灭状态。

⑨ 附加功能，主控机放置在监控室，可以作为钟表使用，液晶显示模块可显示年、月、日、时、分、秒、当前环境温度和工作日，时间可调。对教室的环境指标（如 CO_2 浓度）进行实时监控，当现场出现火灾或者有煤气泄漏时，通知远端的主机，主机液晶界面上显示有火情发生予以报警、监控室喇叭鸣叫或语音提示报警，同时通过拨打电话和发短信系的方式向管理员发送警示信息。

系统设计模型如图 6-1-1 所示。

（2）主控机元器件选型与接口电路设计

由于本案例着重介绍单片机应用系统的具体设计过程，限于篇幅，本书只对所需要的各功能模块做简要介绍，相关器件的功能的详细说明及使用方法读者可以根据教材提供的器件型号查阅相应的数据手册。

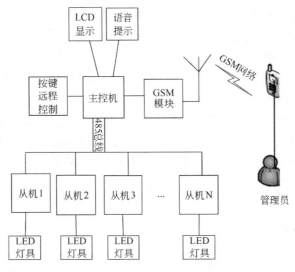

图 6-1-1　系统设计模型图

① 单片机模块

· 根据系统功能要求，所选用的 CPU 须有以下特点。

· I/O 口数量足够，I/O 口操作灵活。

· 定时器/计数器数量最低为 2 个。

· 两个串口。

· 功耗不能太大，CPU 封装面积要尽可能小。

· 运行速度尽可能快。

· 因此，在确保能够实现系统功能基础上，充分考虑到设计成本以及系统小巧性，选择以 STC12C5A60S2 作为主控芯片。单片机资源分配设计如图 6-1-2 所示。

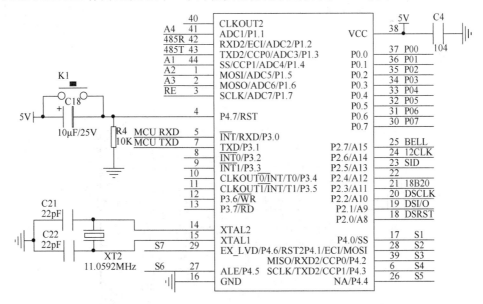

图 6-1-2　单片机资源分配设计

② 系统电源模块

由于主控机放置在监控室，无需频繁移动，因此采用 5V/700mA 的开关电源作为系统供电设备即可。

③ 语音模块与蜂鸣器模块

语音模块与蜂鸣器模块均可作为系统的报修与报警模块。

语音模块采用 APR9600 语音芯片。APR 系列芯片是模拟存储芯片，价格便宜，录放控制比较容易，每段都有对应的键控制，而且可以方便地对任意一段重新录音不影响其他段，可以实现对任意一段循环播放。

由于 APR9600 的内置音频功放的功率只有 12.2mW（扬声器接 16Ω），音量与普通程控电话免提相当，为了获得较大的声音，本设计外加功率放大电路，选用 JRC386D 模拟低压集成音频功放来实现音频放大。语音电路原理图设计如图 6-1-3 所示。

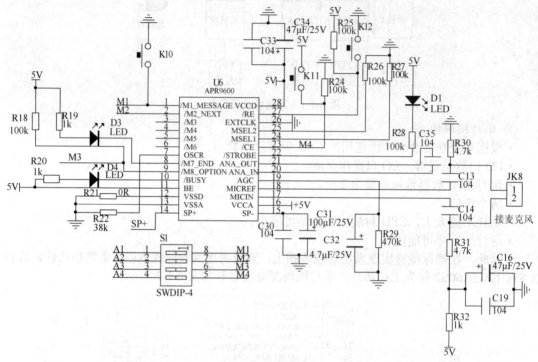

(a) ARP9600 控制电路

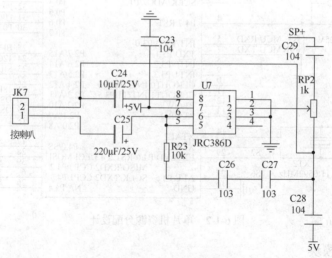

(b) LM386D 功放电路

图 6-1-3　语音模块电路原理图

蜂鸣器与单片机接口如图 6-1-4 所示。

④ 网络通信模块

网络通信模块选用 TC35。TC35 是 Siemeils 公司推出的新一代无线通信 GPRS/GSM 模块,自带 RS232 通信接口,可以方便地与 PC 机、单片机连机通信。可以快速、安全、可靠地实现系统方案中的数据传输、语音传输、短消息服务 (Short Message Service) 和传真。TC35 模块的工作电压为 3.3~5.5V,可以工作在 900MHz 和 1800MHz 两个频段,所在频段功耗分别为 2W(900MHz) 和 1W(1800MHz)。

模块有 AT 命令集接口,支持文本和 PDU 模式的短消息、第三组的二类传真以及 2.4K、4.8K、9.6K 的非透明模式。此外,该模块还具有电话簿功能、多方通话功能、漫游检测功能,

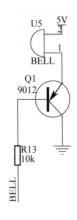

图 6-1-4 蜂鸣器与单片机接口电路

常用工作模式有省电、IDLE、TALK 等模式。通过独特的 40 引脚的 ZIF 连接器,实现指令、数据、语音及控制信号的双向传输。通过 ZIF 连接器及 50Ω 天线连接器,可分别连接 SIM 卡支架和天线。

TC35 模块主要由 GSM 基带处理器、GSM 射频模块、供电模块(ASIC)、闪存、ZIF 连接器、天线接口六部分组成。作为 TC35 的核心,基带处理器主要处理 GSM 终端内的语音、数据信号,并涵盖了蜂窝射频设备中的所有的模拟和数字功能。在不需要额外硬件电路的前提下,可支持 FR、HR 和 EFR 语音信道编码。GSM 模块外形如图 6-1-5 所示。

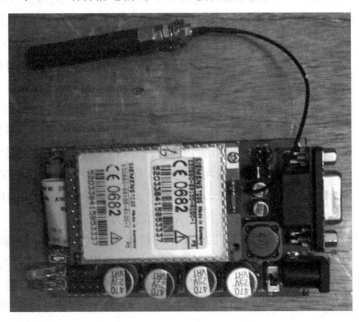

图 6-1-5 GSM 模块实物图

TC35 与单片机通过串口相接,TC35 插入 SIM 卡,上电后,模块会自动检测网络,单片机通过串口对 TC35 发送 AT 指令,实现 TC35 模块与用户手机之间打电话、接电话、发短信和收短信这些基本功能。

考虑到 GSM 通信对串口数据传输准确性要求很高,具体应用时,单片机系统应该采用

11.0592MHz 的晶振，串口通信采用 9600bps 的波特率。主机中，单片机与 GSM 通信的串口设计如图 6-1-6 所示,本设计也是利用此电路进行程序的烧写。

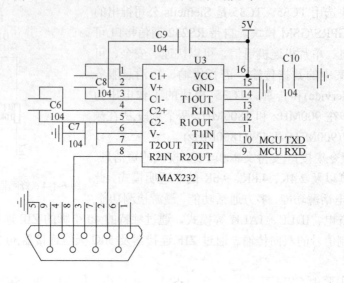

图 6-1-6 主机串口设计

⑤ 液晶显示模块

根据系统实时显示要求，选择 12864 液晶显示器作为系统显示模块。12864 液晶显示模块是 128×64 点阵的汉字图形型液晶显示模块，可显示汉字及图形，内置国标 GB2312 码简

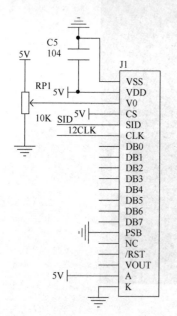

体中文字库（16×16 点阵）、128 个字符（8×16 点阵）及 64×256 点阵显示 RAM（GDRAM）。可与 CPU 直接接口，提供三种界面来连接微处理机，即 8 位并行、4 位并行及串行三种连接方式。具有光标显示、画面移位、睡眠模式等多种功能。常用的 12864 液晶内部大都是使用 ST7920 控制器。ST7920 提供 8 位元、4 位元及串行三种微处理器控制方式，国内常用的是 8 位元和串行控制方式。ST7920 可以控制显示字母、数字符号、中文字型和自定义的图画，可以用来显示图形、演示动画、绘制曲线等。

ST7920 的字符显示 RAM(DDRAM)最多可以控制 16 字元×4 行，LCD 的显示范围为 16 字元×2 行，由于 LCD 的每行只能显示 8 个字符，为了显示观察的方便，在实际应用中，可将 DDRAM 的其中两行拆分成四行后控制 LCD 显示。

图 6-1-7   12864 与单片机接口电路

12864 与单片机接口电路如图 6-1-7 所示。

⑥ 万年历模块

采用 DS1302 实现万年历，关于此芯片的功能和应用在本书项目三学习单元二中有详细的介绍，在此不再赘述。DS1302 与单片机的接口电路设计如图 6-1-8 所示。

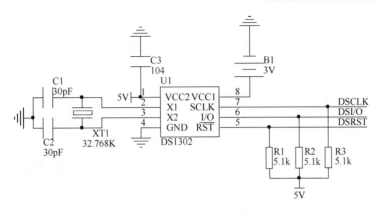

图 6-1-8　DS1302 与单片机接口电路

⑦ 485 通信模块

RS-485 采用平衡发送和差分接收方式来实现通信。在发送端，TXD 将串行口的 TTL 电平信号转换成差分信号 A、B 两路输出，接收端将差分信号还原成 TTL 电平信号。两条传输线通常使用双绞线，因为是差分传输，所以有极强的抗共模干扰的能力，接收灵敏度也相当高。同时，最大传输速率和最大传输距离也大大提高。如果在 100Kbps 速率传输数据时，传输距离可达 1.2km，若需传输更长的距离，需要加 485 中继器。RS-485 实现了多点互连，最多可达 256 台驱动器和 256 台接收器，非常便于多器件的连接。不仅可以实现半双工通信，而且可以实现全双工通信。

硬件实现上，只需一个 RS485 芯片直接与 MCU 的串行通信口和一个 I/O 口连接，如图 6-1-9 所示。

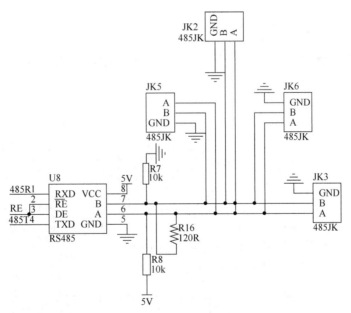

图 6-1-9　RS-485 通信接口电路

本案例中，设计了 4 个从机，因此需要 4 个接插件，分别为 JK2、JK3、JK5 与 JK6。为了确保系统传输的稳定性，在 A、B 线之间设置一个 120Ω 的匹配电阻。由于 RS-485 标准中定义信号阈值的上下限为 ±200mV，即当 A-B>200mV 时，总线状态为逻辑"1"，当 A-B<−200mV 时，总线状态为逻辑"0"，所以当 A-B 在 ±200mV 之间时，总线为不确定状态，为避免出现这种不确定状态，在 A、B 线上分别设置上拉电阻和下拉电阻。

⑧ 温度检测模块

采用 DS18B20 实现温度检测，关于此芯片的功能和应用在本书项目三学习单元四中有详细的介绍，在此不再赘述。DS18B20 与单片机的接口电路设计如图 6-1-10 所示。

⑨ 键盘模块

管理员可以通过主控机手动控制灯具照明状态，同时根据需要调整时间，因此需设计键盘，如图 6-1-11 所示。

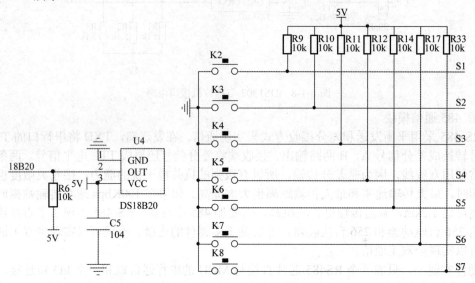

图 6-1-10　DS18B20 与单片机接口电路　　　　图 6-1-11　键盘接口电路

（3）从机元器件选型与接口电路设计

① 单片机模块

从机同样采用 STC12C5A60S2 作为主控芯片。单片机资源分配设计如图 6-1-12 所示。

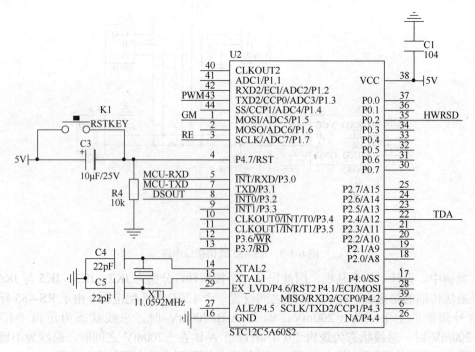

图 6-1-12　单片机资源分配设计

② 系统电源模块

采用 24V 直流开关电源作为系统能量来源，通过 LM2576T DC/DC 转换器输出系统工作所需+5V 电压。具体设计如图 6-1-13 所示。

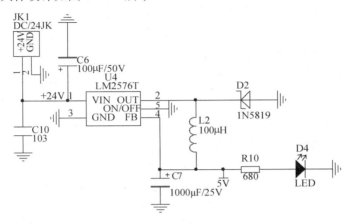

图 6-1-13　系统电源设计

③ LED 控制模块

采用恒流驱动方式，驱动芯片选择 PT4115 恒流驱动芯片,它具有较宽的直流 8~30V 输入电压范围,击穿电压大于 45V，输出 200~1200mA 恒定直流，可满足驱动点亮 1～7 颗串联的大功率 LED,驱动恒流大小可按应用方案设定。PT4115 采用频率抖动技术有效地改善 EMI，采用从满量程向下到零的 PWM 调光，安全可靠，调光比可达 5000:1。PT4115 内置功率开关，采用高端电流采样设置 LED 平均电流，3 号引脚 PWM 可以接受模拟调光和很宽范围的 PWM 调

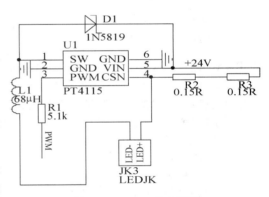

图 6-1-14　LED 控制模块

光。当此引脚的电压低于 0.3V 时，功率开关关断，PT4115 进入极低工作电流的待机状态。PT4115 的工作效率高达 97%,是真正的绿色驱动 IC。本案例在具体设计灯具时，每个灯具均采用 7 个 1W/3.0V 的 LED 串联而成，完全满足照明需求。具体的硬件设计原理图如图 6-1-14 所示。

④ 485 通信模块

从机与主机通过 485 总线通信，具体设计如图 6-1-15 所示。

⑤ 热释电红外传感器模块

热释电红外传感器能以非接触形式检测出人体辐射的红外线，并将其转变为电压信号。热释电传感器具有成本低、不需要用红外线或电磁波等发射源、灵敏度高、可流动安装等特点。利用热释电红外传感器检测教室是否有人存在，以此作为判断是否有照明需求的重要因素之一。热释电红外传感器与单片机接口简单，如图 6-1-16 所示。

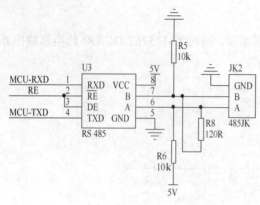

图 6-1-15　RS-485 通信接口电路

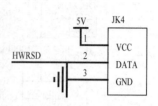

图 6-1-16　热释电红外传感器与单片机接口电路

⑥ 光强探测模块

光强探测模块主要采用光敏电阻器，利用在不同的光照强度下，光敏电阻阻值发生变化，从而改变检测点输出电压大小，检测点的模拟电压信号直接输入到 STC12C5A60S2 单片机，在其内部 A/D 转换器的处理下即可转换成数字信号。具体设计如图 6-1-17 所示。

如果当前教室处于开放状态，当热释电红外传感器检测到教室有人存在时，利用光敏电阻器检测当前自然光强，如果自然光强足够，说明没有照明需求，反之说明有照明需求，此时利用 STC12C5A60S2 内置

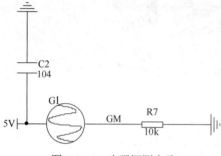

图 6-1-17　光强探测电路

的 PWM 电路，根据需要产生占空比不同的 PWM。在本案例设计中，为了最大限度地实现节能，设计了占空比分别为 0%、30%、60%、90% 和 100% 的 PWM 调光（占空比越低，灯具亮度越亮，占空比为 100% 时，灯具熄灭，灯具具体工作的亮度取决于教室是否有人存在、教室当前的自然光强的强度以及当前教室是否处于开放状态）。

如果当前教室处于禁止使用状态，无论教室是否有人存在、自然光强是否充足，系统不会启用 LED 照明。

⑦ 烟雾检测与报警模块

烟雾传感器模块用于检测教室环境，当烟雾传感器检测到教室有火情出现时，教室现场的扬声器报警，同时远端的主控机通过 LCD、短信息、蜂鸣器等各种方式向管理员发送警示信息。从机烟雾传感器选择 MQ2 传感器，MQ2 采集到的微弱信号经过 LM393 放大后送给单片机处理，具体设计如图 6-1-18 所示。

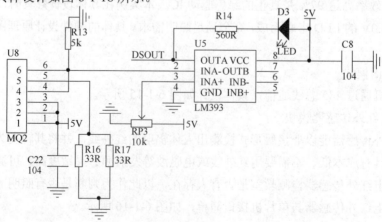

图 6-1-18　烟雾探测电路

扬声器报警电路如图 6-1-19 所示。采用意法半导体(ST)开发的双通道单片功率放大集成芯片 TDA2822 驱动扬声器。

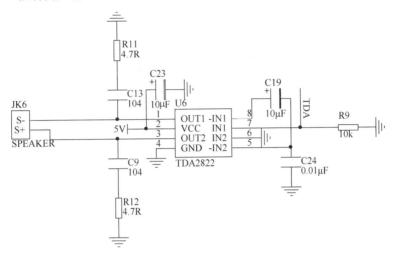

图 6-1-19 扬声器报警电路

（4）程序流程图

① 主控机工作程序流程图

主控机工作程序流程图如图 6-1-20 所示。

② 从机工作程序流程图

从机工作程序流程图如图 6-1-21 所示。

（5）软件代码

根据流程图，利用模块化编程技术编程。由于整个系统软件设计较为复杂，代码量很大，限于篇幅，本书不予一一列出，读者可以从本书配套光盘查阅。

【巩固与拓展】

1．拓展目标

（1）掌握单片机应用系统设计与开发过程。

（2）熟练利用模块化编程技术进行单片机应用系统设计。

（3）培养利用网络资源进行自主学习能力。

（4）培养阅读芯片数据手册进行系统开发能力。

（5）通过拓展任务的实施，培养团队协作精神与团队协作能力。

2．任务描述

参考光盘中的程序，实现本篇案例的软硬件具体设计（要求通过网络资源查阅相关的器件手册，结合参考程序，绘出每个子功能模块的程序设计流程图，实现硬件电路的搭建与调试、各功能模块的软件设计与调试，建议每三个同学为一组，选定负责人，负责人进行任务的分配与组员之间的协调）。

3．任务实施

（1）实施条件

① "教学做" 一体化教室。

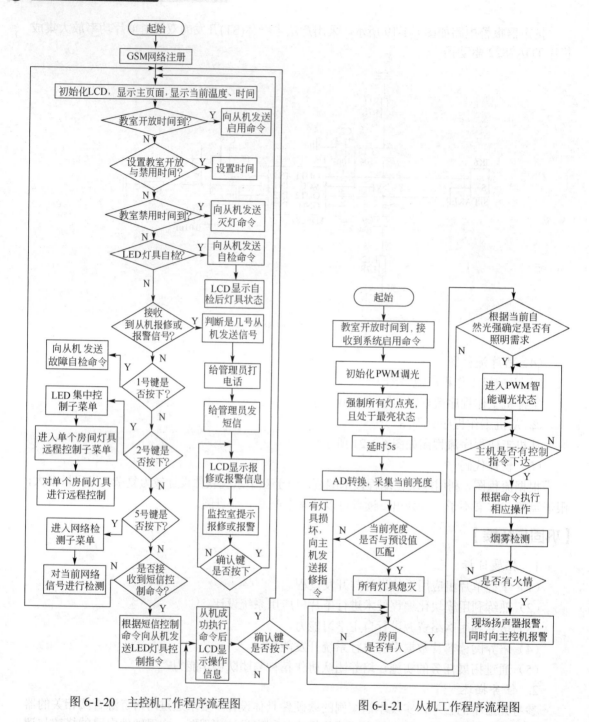

图 6-1-20　主控机工作程序流程图　　　　图 6-1-21　从机工作程序流程图

② 电脑（安装有 Keil 软件、ISP 下载软件）、串口下载线或专用程序烧写器，作为程序的开发调试以及下载工具。

（2）安全提示

① 焊接电路时注意规范操作电烙铁，防止因为操作不当导致受伤。

② 上电前一定要进行电路检测，将桌面清理干净，防止桌面残留的焊锡、剪掉的元器件引脚引起电路板短路，特别是防止电源与地短路导致芯片损坏。

③ 上电后不能够用手随意触摸芯片，防止芯片受损。

④ 规范操作万用表、示波器等检测设备，防止因为操作不当损坏仪器。

（3）实施步骤

步骤一：硬件准备工作

准备好焊接所需的镊子、导线、电烙铁、相关电子元器件、焊接用的电路板，根据本篇给定的参考电路进行硬件焊接，利用万用表、示波器等设备对焊接的电路板进行调试，确保电路板焊接准确无误（如条件允许，可以进行 PCB 设计，主控机与从机 PCB 设计实物图见图 6-1-22 与图 6-1-23 所示）。

（a）主控机实物图（不含 LCD）　　　　　　　　（b）主控机实物图（含 LCD）

图 6-1-22　主控机实物图

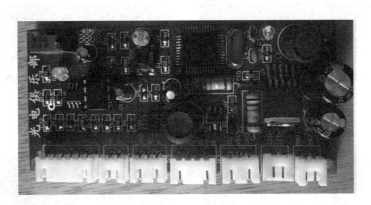

图 6-1-23　从机实物图

步骤二：编写程序

源程序设计参考光盘中的参考程序。

步骤三：调试程序

根据任务控制要求，对编写好的程序进行调试，直至无误，生成.hex 文件。

步骤四　下载程序并运行

将编译好的.hex 文件利用串口下载线或者是专用烧写器存储到单片机内部 ROM 中，运行程序，观察现象是否跟预期一致。根据提供的参考程序，部分实验现象如图 6-1-24~图 6-1-32 所示（图中模拟了监控室的主控机控制 3 个房间的现场情景）。

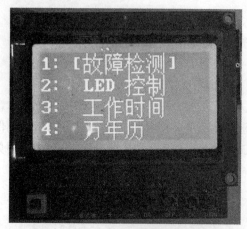

（a）LCD 菜单显示(第 1 页)

（b）LCD 菜单显示(第 2 页)

图 6-1-24　LCD 菜单显示

（a）LED 控制总菜单

（b）控制菜单下的子菜单

图 6-1-25　LED 控制菜单

图 6-1-26　万年历与温度显示界面

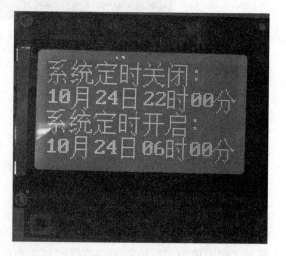

图 6-1-27　教室启用与禁用时间设置界面

(a)模拟 3 号房间灯具损坏现场

(b)检测到 3 号房间灯具损坏后 LCD 显示界面

图 6-1-28　LED 故障检测

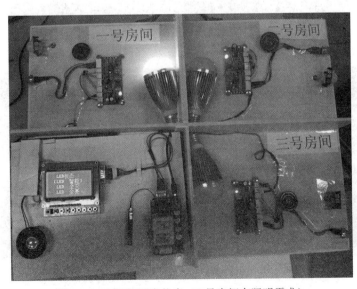

图 6-1-29　智能调光状态（1 号房间有照明需求）

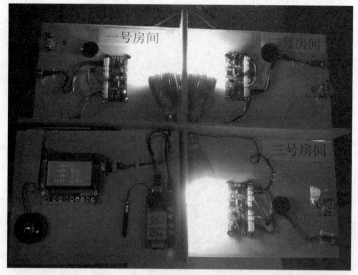

（a）远程控制所有房间灯亮

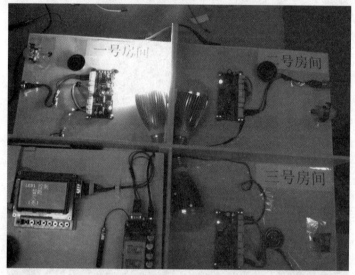

（b）远程控制 1 号房间灯亮

图 6-1-30　监控室手动远程控制 LED

(a)主控机接收到 GSM 发送打开所有 LED 命令显示界面　　(b)主控机接收到 GSM 发送关闭所有 LED 命令显示界面

图 6-1-31　GSM 远程控制 LED

4. 任务检查与评价

整个任务完成之后，检测一下完成的效果，具体的测评细则见表 6-1-1。

（a）主控机检测到 2 号房间出现火情后的显示界面

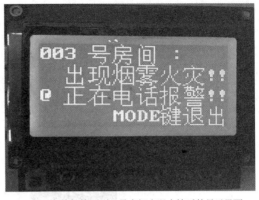

（b）主控机检测到 3 号房间出现火情后的显示界面

图 6-1-32　房间烟雾检测

表 6-1-1　任务完成情况的测评细则

一级指标	比例	二级指标	比例	得分
信息收集与自主学习	20%	1.独立进行信息资讯收集	5%	
		2.制定合适的学习计划	5%	
		3.子功能模块的程序设计流程图	10%	
电路板制作	20%	1.元器件布局的合理性	5%	
		2.布线的合理性、美观性	2%	
		3.焊点的焊接质量	3%	
		4.电路板的运行调试	10%	
程序设计及调试	30%	1.开发软件的操作、参数的设置	2%	
		2.控制程序具体设计	15%	
		3.程序设计的规范性	3%	
		4.程序的具体调试	10%	
通电实验	20%	1.程序的下载	5%	
		2.程序的运行情况，现象的正确性	15%	
职业素养与职业规范	10%	1.材料利用效率，耗材的损耗	2%	
		2.工具、仪器、仪表使用情况，操作规范性	5%	
		3.团队分工协作情况	3%	
总计		100%		

【思考与练习】

1. 单片机应用系统开发包括哪几个阶段？每个阶段的具体任务是什么？
2. 简述单片机应用系统开发中，硬件设计需要考虑的问题以及软件设计思想。

附　录

附录一　ASCII 码表

信息在计算机上是用二进制表示的，这种表示法理解起来很困难。因此，计算机上都配有输入和输出设备，这些设备的主要目的就是以一种人类可阅读的形式将信息在这些设备上显示出来供人阅读理解。为保证人类和设备、设备和计算机之间能进行正确的信息交换，人们编制了统一的信息交换代码，这就是 ASCII 码，它的全称是"美国信息交换标准代码"，如附表 1-1 所示。

附表 1-1　ASCII 码表

ASCII 值	控制字符	ASCII 值	控制字符	ASCII 值	控制字符	ASCII 值	控制字符
0	NUT	20	DC4	40	(	60	<
1	SOH	21	NAK	41	)	61	=
2	STX	22	SYN	42	*	62	>
3	ETX	23	TB	43	+	63	?
4	EOT	24	CAN	44	,	64	@
5	ENQ	25	EM	45	-	65	A
6	ACK	26	SUB	46	.	66	B
7	BEL	27	ESC	47	/	67	C
8	BS	28	FS	48	0	68	D
9	HT	29	GS	49	1	69	E
10	LF	30	RS	50	2	70	F
11	VT	31	US	51	3	71	G
12	FF	32	(space)	52	4	72	H
13	CR	33	!	53	5	73	I
14	SO	34	"	54	6	74	J
15	SI	35	#	55	7	75	K
16	DLE	36	$	56	8	76	L
17	DCI	37	%	57	9	77	M
18	DC2	38	&	58	:	78	N
19	DC3	39	,	59	;	79	O

续表

ASCII 值	控制字符	ASCII 值	控制字符	ASCII 值	控制字符	ASCII 值	控制字符
80	P	92	/	104	h	116	t
81	Q	93	]	105	i	117	u
82	R	94	^	106	j	118	v
83	X	95	—	107	k	119	w
84	T	96	、	108	l	120	x
85	U	97	a	109	m	121	y
86	V	98	b	110	n	122	z
87	W	99	c	111	o	123	{
88	X	100	d	112	p	124	|
89	Y	101	e	113	q	125	}
90	Z	102	f	114	r	126	~
91	[	103	g	115	s	127	DEL

附表 1-1 中特殊控制字符含义如附表 1-2 所示。

附表 1-2　特殊控制字符及含义

控制字符	含义	控制字符	含义	控制字符	含义
NUL	空	VT	垂直制表	SYN	空转同步
SOH	标题开始	FF	走纸控制	ETB	信息组传送结束
STX	正文开始	CR	回车	CAN	作废
ETX	正文结束	SO	移位输出	EM	纸尽
EOY	传输结束	SI	移位输入	SUB	换置
ENQ	询问字符	DLE	空格	ESC	换码
ACK	承认	DC1	设备控制 1	FS	文字分隔符
BEL	报警	DC2	设备控制 2	GS	组分隔符
BS	退一格	DC3	设备控制 3	RS	记录分隔符
HT	横向列表	DC4	设备控制 4	US	单元分隔符
LF	换行	NAK	否定	DEL	删除

附录二　单片机中的数制与码制

一、数制

数制是计数的方法，通常采用进位计数制。

在进位计数制的多位编码中，数制是每一位的构成方法，以及从低位到高位的进位规则。

常用的数制有二进制（Binary）、八进制（Octal）、十进制（Decimal）、十六进制（Hex-decimal）。

例如，十进制中，每一位由一个十进制数（包含 0~9 这十个数字符号，也称数码）和小数点组成，进位规则为"逢十进一"（基数为 10）。

1. 记数法和分析方法

记数法——位置记数法。

分析方法——按权展开式。

例如，十进制数$(652.5)_{10}=6\times10^2+5\times10^1+2\times10^0+5\times10^{-1}$，左边为"位置记数法"，右边为"按权展开式"。

代数式为：$D=\sum_i k_i\times10^i$

说明，每一个数位上的数码有不同的权值，权值从左到右以基数的幂次由大到小，数位从左到右由高位到低位排列。

例如，二进制数

$(101.11)_2=1\times2^2+0\times2^1+1\times2^0+1\times2^{-1}+1\times2^{-2}$

$\underbrace{\quad\quad}_{\text{位置记数法}}\quad\underbrace{\qquad\qquad\qquad}_{\text{按权展开式}}$

任意进制（基数为 R）记数法如下。

$$(D)_R=(k_{n-1}k_{n-2}\cdots k_1k_0k_{-1}\cdots k_{-m})_R=\sum_{i=-m}^{n-1}k_iR^i$$

八进制和十六进制的按权展开式以此类推，其中，八进制的基数为 8，十六进制的基数为 16。

2. 数制转换

数值相等，记数方法（数值）不同的数之间的转换为数制转换。

数制转换的本质是权值的转换。

二进制、十六进制、八进制数之间的转换方法如附图 2-1 所示。

（1）任意进制到十进制的转换

利用任意进制数的按权展开式，可以将一个任意进制数转换成等值的十进制数。

例如：

$(1011.01)_2=1\times2^3+0\times2^2+1\times2^1+1\times2^0+0\times2^{-1}+1\times2^{-2}=(11.25)_{10}$

$(8FA.C)_{16}=8\times16^2+F\times16^1+A\times16^0+C\times16^{-1}=2048+240+10+0.75=(2298.75)_{10}$

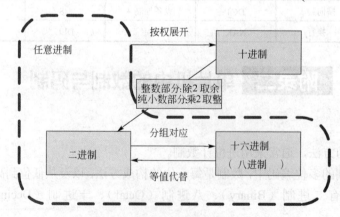

附图 2-1　几种进制之间的转换方法

（2）"十→二"进制转换

整数部分，设数的二进制按权展开式为$(D)_{10}=(k_{n-1}k_{n-2},\cdots,k_1k_0)_2$，存在：

$(D)_{10}=k_{n-1}\times2^{n-1}+k_{n-2}\times2^{n-2}+\cdots+k_1\times2^1+k_0\times2^0$

$$(D)_{10}/2 = \underbrace{k_{n-1} \times 2^{n-2} + k_{n-2} \times 2^{n-3} + \cdots + k_1 \times 2^0}_{\text{整数的商}} + \underbrace{k_0 / 2}_{\text{余数}}$$

$$((D)_{10}/2\ \text{的整数部分})/2 = \underbrace{k_{n-1} \times 2^{n-3} + k_{n-2} \times 2^{n-4} + \cdots + k_2 \times 2^0}_{\text{整数的商}} + \underbrace{k_1 / 2}_{\text{余数}}$$

"孤立"余数后，整数的商再除以基数 2，依次类推，余数依次为从低到高位的二进制数即为此十进制数的二进制表示，因此，十进制整数转换为二进制数，采用"除 2 取余"法。

例 1：将$(25)_{10}$转换为二进制数

使用"除 2 取余"法求十进制数 25 的二进制表示。附表 2-1 所示为"除 2 取余法"示意表。

附表 2-1 "除 2 取余法"示意表

步骤次数	被除数	除数	商	余数
1	25	2	12	1
2	12	2	6	0
3	6	2	3	0
4	3	2	1	1
5	1	2	0	1
商取 0，故除法完毕，此时将余数由低位到高位排列得 11001				

所以，$(25)_{10} = 1 \times 2^4 + 1 \times 2^3 + 0 \times 2^2 + 0 \times 2^1 + 1 \times 2^0 = (11001)_2$

对于十进制数的小数部分，设数的二进制按权展开式为$(D)_{10} = k_{-1} \times 2^{-1} + k_{-2} \times 2^{-2} + \cdots + k_{-(m-1)} \times 2^{-(m-1)} + k_{-m} \times 2^{-m}$，存在：

$$2 \times (D)_{10} = \underbrace{k_{-1}}_{} + k_{-2} \times 2^{-1} + \cdots + k_{-(m-1)} \times 2^{-(m-2)} + k_{-m} \times 2^{-(m-1)}$$

整数部分为k_{-1}

"孤立"整数部分，小数部分再乘以基数 2，依次类推。

十进制小数部分转换为二进制数，采用"乘 2 取整"法。

例 2：将$(0.6875)_{10}$转换为二进制数

使用"乘 2 取整"求十进制数$(0.6875)_{10}$的二进制表示。附表 2-2 所示为"乘 2 取整"法示意表。

附表 2-2 "乘 2 取整"法示意表

步骤次数	被乘数	乘数	积的小数部分	积的整数部分
1	0.6875	2	0.375	1
2	0.375	2	0.75	0
3	0.75	2	0.5	1
4	0.5	2	0	1
积的小数部分为 0，故乘法运算完毕，此时将积的整数部分由高位到低位排列得 1011				

所以$(0.6875)_{10} = 1 \times 2^{-1} + 0 \times 2^{-2} + 1 \times 2^{-3} + 1 \times 2^{-4} = (0.1011)_2$

（3）"二→十六"进制转换

由于 4 位二进制数恰好代表 0~15，共 16 种取值，而且将 4 位二进制数看作一个整体时，它的进位输出恰好是逢十六进一，所以采用"分组对应"法。

例 3：将(1011101.101001)$_2$转换为十六进制数

具体方法为，从小数点开始，整数部分从低到高，每 4 位一组，最高一组如不足 4 位，高位以 0 补齐。小数部分从高到低，4 位一组，最低一组如不足 4 位，低位以 0 补齐。

(0101 1101.1010 0100)$_2$

5　　D　　A　　4

所以，(1011101.101001)$_2$=(5D.A4)$_{16}$

（4）"十六→二"进制转换

采用"等值代替"法。

例如，(8FA.C6)$_{16}$=(1000 1111 1010 . 1100 0110)$_2$=(100011111010.1100 011)$_2$。

二、码制

（1）原码

对于给定的字长，最高位为符号位，表示正负号，其中 0 为正，1 为负，其余各位表示数的绝对值。

例如，设 8bit（含符号）字长，[(+43)$_{10}$]=(0 010 1011)$_2$=(2B)$_{16}$，[(−43)$_{10}$]=(1 010 1011)$_2$=(AB)$_{10}$，可以看出，正数的无符号和有符号的表示方法相同，正数的原码是它本身。

（2）反码

正数的反码是它本身，负数的反码是对其绝对值正数的编码（正数原码）求反。例如，

[(+25)$_{10}$]$_反$=(0 001 1001)$_2$=(+19)$_{16}$

[(−25)$_{10}$]$_原$=(1 001 1001)$_2$

[(−25)$_{10}$]$_反$=(1 110 0110)$_2$

（3）补码

正数的补码是它本身，即正数的原码、反码及补码相同。计算负数补码的方法为，"反码加 1"，即对于给定某数，将其绝对值数的二进制编码含符号位逐位取反，然后在最低位加上 1。

例如，求-0 的补码，设字长为 8 bit，则有：

(00000000)$_2$ →　(11111111)$_2$ →　1　00000000

　(绝对值) (取反)　　　　　　(+1)　舍 1 保持字长

补码的性质："0"的补码编码是唯一的，即"+0"和"−0"补码是一样的。

例如：含符号位字长为 8bit，对[(−25)$_{10}$]$_补$求补码操作，则有：

[(−25)$_{10}$]$_补$=[(1 110 0111)$_2$]$_补$ → (0 001 1000)$_2$ → (0 001 1001)$_2$

　　　　　　　　　(取反)　　　　　　(+1)

补码的性质：对负数的补码进行求补码操作后，结果为负数的绝对值。

附录三　STC 公司 51 系列单片机选型

STC 单片机有 89、90、10、11、12、15 这几个大系列，每个系列都有自己的特点。89 系列是传统的单片机，可以和 AT89 系列完全兼容，是 12T 单片机。90 是基于 89 系列的改进型产品系列。10 和 11 系列是有着便宜价格的 1T 单片机，均含有 PWM 功能，但没有集成

ADC。12 是增强型功能的 1T 单片机，型号后面有"AD"的为含有 ADC 功能的单片机，目前 12 系列是主流产品。15 系列是 STC 公司最新推出的产品，其最大的特点是内部集成了高精度的 R/C 时钟，可以完全不需要接外部晶振。

以型号 STC12C2052AD 来说明 STC 单片机的命名规则。

STC：代表产品的生产厂家，即 STC 公司。

12：代表产品的一个大系列，即为 12 系列单片机。

C：此位置一般是用来表示单片机工作电压的，如果是 C 或 F，表示这款单片机是 5V 电压下工作，如果是 LE 或 L，则表示这款单片机工作在 3V 电压。

20：此位置用来表示单片机内部 FLASH 空间大小，同时也隐含着 E2PROM 的大小。STC12C2052AD 的 E2PROM 为 2KB，在 STC12C4052AD 中，其 E2PROM 大小为 4KB。

52：系列名的一部分，是小系列名。

AD：功能后缀，表示单片机集成 ADC 功能。如果后缀是 S2 则表示有 2 个串口。

STC 公司 8951 系列单片机的主要型号及其差异见附表 3-1。更多详细的资料请参阅 STC 公司官网。

附表 3-1　STC 公司 51 系列单片机选型指南

型号	工作电压	FlashROM	RAM	A/D	看门狗	P4口	ISP	IAP	EEPROM	数据指针	串口	中断源	优先级	定时器
STC89C51RC	5V	4KB	512B		√	√	√	√	2KB+	2	1	8	4	3
STC89C52RC	5V	8KB	512B		√	√	√	√	2KB+	2	1	8	4	3
STC89C53RC	5V	15KB	512B		√	√	√	√		2	1	8	4	3
STC89C54RD+	5V	16KB	1280B		√	√	√	√	16KB+	2	1	8	4	3
STC89C55RD+	5V	20KB	1280B		√	√	√	√	16KB+	2	1	8	4	3
STC89C58RD+	5V	32KB	1280B		√	√	√	√	16KB+	2	1	8	4	3
STC89C516RD+	5V	63KB	1280B		√	√	√	√		2	1	8	4	3
STC89LE51RC	3V	4KB	1280B		√	√	√	√	2KB+	2	1	8	4	3
STC89LE52RC	3V	8KB	512B		√	√	√	√	2KB+	2	1	8	4	3
STC89LE53RC	3V	14KB	512B		√	√	√	√		2	1	8	4	3
STC89LE54RD+	3V	16KB	512B		√	√	√	√	16KB+	2	1	8	4	3
STC89LE58RD+	3V	32KB	1280B		√	√	√	√	16KB+	2	1	8	4	3
STC89LE516RD+	3V	63KB	1280B		√	√	√	√		2	1	8	4	3
STC89LE516AD	3V	64KB	512B	√		√	√			2	1	6	4	3
STC89LE516X2	3V	64KB	512B	√		√	√			2	1	6	4	3

参 考 文 献

[1] 陈海宴.51 单片机原理及应用——基于 Keil C 与 Proteus[M].北京：北京航空航天大学出版社，2010.

[2] 胡进德等.51 单片机应用基础（C51 版）[M].武汉：湖北科学技术出版社，2011.

[3] 杜伟略.单片机接口技术[M].西安：西安电子科技大学出版社,2010.

[4] 张毅刚.单片机原理及接口技术[M].北京：人民邮电出版社，2011.

[5] 谢宜仁.单片机接口技术实用宝典[M].北京：机械工业出版社，2011.

[6] 薛小铃等.单片机接口模块应用与开发实例详解[M].北京：北京航空航天大学出版社，2010.

[7] 赵嘉蔚等.单片机原理与接口技术[M]. 北京：清华大学出版社，2010.